土壤熏蒸

盆栽草莓

草莓高架栽培

草莓的匍匐茎

草莓穴盘育苗

草莓组培育苗

红花复瓣草莓的花

粉花草莓的花

草莓结果初期

草莓结果（全景）

草莓结果（近景）

章姬草莓果实

草莓果实

越心草莓果实

草莓立体栽培

CAOMEI GAOXIAO
ZAIPEI GUANLI

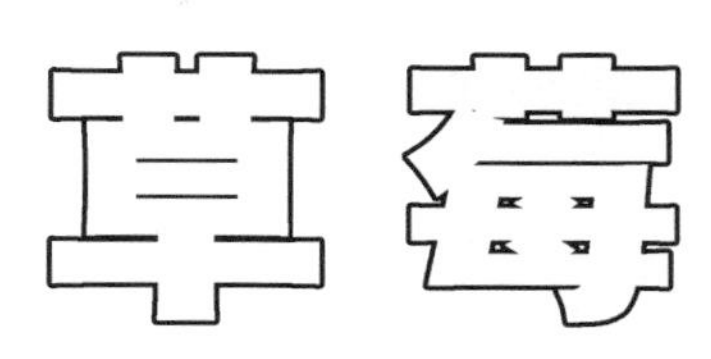

草莓高效栽培管理

武冲　冉昆　姜莉莉 等　编著

中国农业出版社
北　京

图书在版编目（CIP）数据

草莓高效栽培管理 / 武冲等编著 . —北京：中国农业出版社，2022.7

ISBN 978-7-109-29480-6

Ⅰ.①草… Ⅱ.①武… Ⅲ.①草莓—果树园艺 Ⅳ.①S668.4

中国版本图书馆 CIP 数据核字（2022）第 093340 号

中国农业出版社出版

地址：北京市朝阳区麦子店街 18 号楼

邮编：100125

责任编辑：李　梅

版式设计：王　晨　　责任校对：吴丽婷

印刷：北京通州皇家印刷厂

版次：2022 年 7 月第 1 版

印次：2022 年 7 月北京第 1 次印刷

发行：新华书店北京发行所

开本：700mm×1000mm　1/16

印张：9.75　　插页：4

字数：130 千字

定价：38.00 元

服务电话：010-59195115　010-59194918

编　委　会

主　编　武　冲　冉　昆　姜莉莉

副主编　宗晓娟　王晓芳　马　霞

编　者　武　冲　冉　昆　姜莉莉　宗晓娟

王晓芳　马　霞　崔冬冬　韩　真

乔　谦　李国田　杨雪梅　相　昆

魏树伟　张　荣　田中一久　王　魏

牛庆霖　翟西雷

目录
CONTENTS

第一章　概述 ………………………………………………………… 1

一、经济价值 ………………………………………………………… 1
二、营养价值及食用草莓注意事项 ………………………………… 2
三、产业现状与存在问题 …………………………………………… 3
四、发展趋势 ………………………………………………………… 8

第二章　主要栽培品种 ……………………………………………… 12

一、适于露地栽培的品种 …………………………………………… 12
二、适于促成栽培的品种 …………………………………………… 23
三、适于早熟与半促成栽培的品种 ………………………………… 36
四、适于延迟栽培的品种 …………………………………………… 41
五、适于加工的品种 ………………………………………………… 42
六、四季草莓品种 …………………………………………………… 44
七、红花草莓品种 …………………………………………………… 48

第三章　建园与种植模式 …………………………………………… 49

一、露地栽培 ………………………………………………………… 49
二、设施栽培 ………………………………………………………… 55

第四章　花果管理与提质增效 ……………………………………… 73

一、露地栽培花果管理与提质增效 ………………………………… 73
二、设施栽培花果管理与提质增效 ………………………………… 77

第五章　土、肥、水管理 …… 82

一、露地栽培土、肥、水管理 …… 82
二、设施栽培土、肥、水管理 …… 88

第六章　病虫害综合防治技术 …… 93

一、综合防治的措施 …… 93
二、主要病害防治 …… 96
三、主要虫害防治 …… 119

第七章　果实采收与商品化处理 …… 130

一、果实采收 …… 131
二、采后处理 …… 132
三、贮藏保鲜技术 …… 134
四、果实的商品化处理 …… 138

第八章　加工技术 …… 142

一、草莓汁 …… 142
二、草莓酒 …… 143
三、草莓酱 …… 144
四、草莓蜜饯 …… 146
五、草莓罐头 …… 147
六、草莓脯 …… 149
七、草莓干 …… 150

第一章 概　述

草莓（*Fragria ananassa* Duch.）又称为凤梨草莓，为蔷薇科草莓属，是多年生草本植物，园艺学分类属于浆果类。草莓属有50多个种，中国原产7种。目前只有凤梨草莓被广泛栽培，其他均处于野生、半野生状态。草莓因其丰富的营养价值和较高的经济效益而被广泛种植于世界各地。草莓色泽艳丽、柔软多汁、酸甜适口、芳香浓郁、营养丰富，备受消费者青睐，被称为“水果皇后”。

一、经济价值

草莓生长周期短，通过设施促成栽培、冷藏抑制栽培及早熟栽培等方式，基本上可以达到周年生产，周年供应市场。草莓以其红果绿萼、色泽艳丽、口味鲜美等特点深受广大消费者欢迎，生产者应瞄准市场需求，找准上市时间，可获得较高的经济效益。在春节期间，草莓鲜果在市场上销售的价格较高，经济利润可观。草莓的价格随上市时间波动比较大，一般秋冬季价格较高，春节后逐渐降低，春夏季价格最低为40～60元，4—5月每千克的价格为16～26元。草莓亩*产量较高，一般在北方栽培的草莓，亩产达1 500～2 250 kg。无论是从价格还是从产量来看，草莓都是经济价值较高的水果之一。同时，草莓也是结果较早、生长周期最短、见效益最快的水果。使用地膜、中小拱棚、塑料大棚、日光温室等进行栽培，可调节鲜果上市的时间，从而大大缓解露地栽培集中上市的问题，减少损失，保持价格优势。

* 亩为非法定计量单位，1亩≈667 m^2。——编者注

在我国北方，草莓的定植时间一般是在8月初至9月。露地种植，翌年5月中旬至6月即可成熟上市；设施种植，草莓的成熟期会提前8～12 d，上市的时间也相应地提前。日光温室种植，1月草莓就可以成熟上市。草莓从定植到采收结束只有7到8个月的生产周期。在南方地区，由于气温较高，草莓不容易花芽分化，所以需要在北方地区育苗，每年的8月下旬至9月把已分化好花芽的草莓苗运往南方定植，最早在10月就有草莓鲜果在南方上市。草莓的适应性很强，在我国草莓的栽培区域很广，南到海南，北至佳木斯，东起山东半岛，西至新疆石河子地区，草莓定植后均生长良好。由于草莓生产见效快，投资能很快收回，加快了资金的周转，极大地促进了农村经济的发展。草莓具有发达的须根，且分布较浅，植株矮，耐阴性比较强，可与其他作物间作套种。在北方地区，草莓可与大葱套种，草莓也可与其他果树套种，以及与玉米或葡萄套种；在南方地区，草莓可与生姜套种。草莓与各类作物的套种生产模式都可获得双丰收，经济效益较高。

二、营养价值及食用草莓注意事项

（一）营养价值

草莓营养丰富，含有果糖、蔗糖、葡萄糖、柠檬酸、苹果酸、水杨酸、胡萝卜素、氨基酸以及钙、磷、铁、钾、锌、铬等营养物质。此外，它还含有丰富的维生素 B_1、维生素 B_2、维生素C等，尤其是维生素C含量非常丰富。据测定，每100 g草莓果肉中含蛋白质1 g、脂肪0.2 g、碳水化合物7.1 g、纤维素1 g、胡萝卜素30 μg、维生素 B_1 0.02 mg、维生素 B_2 0.03 mg、烟酸0.3 mg、维生素C 47 mg、维生素E 0.71 mg、钙18 mg、磷27 mg、钾131 mg、钠4.2 mg、镁12 mg、铁1.8 mg、锌0.14 mg、硒0.7 mg、铜0.04 mg、锰0.49 mg，含有除谷氨酸以外的17种氨基酸，其苹果酸、柠檬酸的含量比苹果、梨、葡萄等大宗水果高3～4倍。除了基本的营养成分外，草莓果实中还含有类

黄酮和酚酸类等生物活性物质。草莓含有人体必需的纤维素、铁、钾、维生素C和类黄酮等重要营养物质，因此有“水果皇后”“神奇之果”“活的维生素丸”的美誉。

（二）食用草莓注意事项

① 草莓入口前一定要把好清洗关。淡盐水可以杀灭草莓表面残留的有害微生物；淘米水呈碱性，可促进呈酸性的农药降解。

② 洗草莓时，注意不要把草莓萼片摘掉，去掉萼片的草莓放在水中浸泡，残留的农药会随水进入果实内部，造成污染。

③ 脾胃虚寒、肺寒咳嗽的人不宜过多食用草莓。

三、产业现状与存在问题

（一）世界草莓产业现状

草莓在世界小浆果生产中种植面积和产量居于首位。2018年，世界草莓总种植面积37.24万hm^2，年产量833.71万t。世界草莓种植面积逐年平稳增长，2018年的栽培面积比1980年增长132.75%，平均每年增长0.56万hm^2。草莓的分布范围很广，全球五大洲均有草莓种植。2018年，草莓种植面积排名前5位的国家依次是中国、波兰、俄罗斯、美国和土耳其，种植面积分别为11.11万hm^2、4.78万hm^2、2.98万hm^2、1.99万hm^2和1.61万hm^2。2018年，草莓单位面积产量排名前5位的国家依次是美国、西班牙、墨西哥、以色列和摩洛哥，单位面积产量分别为65.1 t/hm^2、49.0 t/hm^2、47.9 t/hm^2、44.2 t/hm^2和43.8 t/hm^2。中国草莓单位面积平均产量为26.7 t/hm^2，稍高于世界平均水平，但与前几位差距较大。自1994年以来，中国草莓产量一直位居世界首位，2018年中国草莓产量为296.43万t，其次为美国（129.6万t）、墨西哥（65.4万t）、土耳其（44.1万t）、埃及（36.3万t）。

世界各大洲中，草莓生产状况各有特点。美洲的草莓生产主要集中在美国和墨西哥，其中美国的加利福尼亚州是最大的草莓产区，栽培面积占全美国的38%，年产量占全美国的74%，主要栽培道格拉斯、钱德勒、塔夫特斯、帕哈罗、艾科、热带雨林等草莓品种。美洲草莓生产以大型农场为主，实行集约化、规模化生产，专业化管理和机械化操作。草莓采收后立即强制预冷到5℃以下，然后用CO_2处理，并装入冷藏车（船）运往各地，可保证品质和风味在2周内不受影响。20世纪90年代以来，欧洲草莓由于受到很多新产区的冲击，栽培规模在一定程度上有所下降，但生产水平依然保持较高水准。法国、西班牙、波兰等国家一直都把草莓生产当作主导产业之一来抓，并重视新品种的研发，国家给予大量的补贴以支持传统产业发展。比利时和荷兰等国积极发展草莓无土栽培，在温室或大棚中将冷藏苗栽在填充了泥炭的袋或桶中，可在四个月内持续收获，且每年更换新泥炭，不需要土壤消毒，有效防止了线虫传播及根腐病、黄萎病等病害发生，对草莓规模化生产有重要的参考价值。近几年来，亚洲草莓生产在中国的带领下已经成为世界草莓生产的重心，除中国外，日本和韩国也是草莓生产大国。日、韩两国以发展温室或塑料大棚栽培为主，生产规模虽小，但果农大多精耕细作，两国70%以上的草莓苗都是采用组织培养技术生产的无病毒苗。日本草莓主产区是关东、关西、四国、九州和东海，这些地区多集中在气候较温暖的地方。日本和韩国用于加工的冷冻草莓主要来自中国。非洲的草莓生产发展也很快，尤其是摩洛哥利用其温暖湿润的地中海气候条件，大力发展草莓产业，成为非洲草莓产量最大的国家。埃及是非洲草莓栽培面积最大的国家，最近几年从美国引进了优质高产新品种，提高了种植收益，栽培面积逐年增加，生产的草莓主要向欧洲和海湾国家出口。

（二）中国草莓产业现状

虽然中国野生草莓资源十分丰富，但大果型栽培草莓——凤梨草莓引种到中国只有100多年的历史。我国1949年后才开始草莓的生产和科研工作。改革开放以来，草莓以其生长周期短、结果早、经济效益显

著、适于设施栽培等优势成为我国水果产业中发展最快的新兴产业。1985年全国草莓的栽培面积仅有3 300 hm^2，占当年世界草莓栽培面积的1.67%，1995年增加到3.67万hm^2，占当年世界草莓栽培面积的14.20%，2003年又增加到7.73万hm^2，占当年世界草莓栽培面积的26.63%。到2014年我国草莓的栽培面积已达11.33万hm^2，总产量达311.23万t。我国各地均有草莓栽培，但主要集中在辽宁、山东、河北、江苏、安徽等地。据《中国农业年鉴》统计，2014年，草莓栽培面积前10名的省份依次是山东、安徽、辽宁、江苏、河北、河南、四川、浙江、湖南、湖北，草莓产量前10名的省份依次是山东、辽宁、河北、安徽、江苏、河南、浙江、四川、陕西、黑龙江。草莓平均单产前10名依次是山东、青海、辽宁、河北、河南、江苏、四川、陕西、天津、安徽。2014年全国草莓平均单产为27.47 t/hm^2，比2007年23.58 t/hm^2提高16.5%，河北、辽宁、山东、青海草莓平均单产均在30 t/hm^2以上，高于全国平均单产。

依据地理位置和气候条件，可将我国草莓产地划分为三大产区，即北方产区、中部产区和南方产区。北方产区包括秦岭与淮河以北，东北、华北、西北等地。北方产区秋冬气温低，能满足普通草莓品种休眠与花芽分化的需求。该产区栽培方式多样，常见栽培方式有露地栽培、小拱棚早熟栽培、大棚半促成栽培、无加温日光温室栽培及加温日光温室栽培等。节能日光温室是中国特有的一种栽培方式，不用加温，即使是室外温度在−20 ℃以下，温室里不用任何加温设备，草莓依旧长势良好。草莓果实成熟期从每年12月初直至翌年6月，栽培品种主要有红颜、章姬、甜查理、阿尔比、达赛莱克特、全明星、卡麦罗莎、哈尼等。中部产区包括秦岭与淮河以南、长江流域地区。该区域属于非寒冷地区，露地栽培无须覆盖物即可越冬。该产区因降水量明显多于北方产区，因此常采用排水良好的深沟高畦式栽培。南方产区包括南岭山脉以南、华南等地。南方产区冬天可以露地栽培和在小拱棚中栽培，在广东、广西、海南等地，冬草莓发展非常好。设施促成栽培品种以红颜、章姬、甜查理等为主，甜查理也是南方产区露地栽培的主栽品种；半促成栽培以及露地栽培品种比较丰富，除上述品种外还有达赛莱克特、丰香、全明星、玛丽亚、哈尼、森加森加拉等。

我国草莓栽培品种以引进为主，在20世纪80年代，宝交早生在我国各地的栽培面积最大，随后全明星成为华北、西北产区中的主栽品种，东北地区以栽培戈雷拉、全明星、宝交早生为主，中南部地区以栽培宝交早生、春香、丽红、硕丰为主。20世纪90年代后，草莓的设施栽培面积越来越大，在东北地区，弗吉利亚得到了广泛推广，后又被吐德拉和鬼怒甘取代。2000年以前，华北、华东及西北产区露地及半促成栽培品种仍以全明星、宝交早生为主；而促成栽培品种则以丰香、静香为主，其中丰香占生产栽培面积的2/3以上。2000年以后，由于丰香易感白粉病，所以童子1号、甜查理、章姬、红颜、幸香、达赛莱克特等品种的栽培面积不断扩大，其中红颜成为很多地区尤其是设施栽培的当家品种。加工品种则多以哈尼、森加森加拉、达赛莱克特、达善卡为主。

在引进新品种的同时，国内新品种的选育工作也日益加快步伐，如京桃香、京藏香等国产品种也有着优良的性状。为了推动我国草莓产业的发展，中国园艺协会草莓分会自2007年起，在全国各地举办中国草莓文化节，其主题丰富多样，将“草莓与科技”“草莓与文化”“草莓与艺术”“草莓与健康”相结合，扩大了草莓在市民中的影响，通过草莓文化节还举办了全国草莓精品大赛，对草莓新品种、草莓种植新技术的推广起到了很大的推动作用。此外，近几年来，休闲农业和乡村旅游业迅速发展，草莓作为适宜观光采摘的水果，不但为农业旅游增光添彩，也促进了产业的融合发展。近几年来，西部地区因光照条件好、昼夜温差大，草莓病害少、糖度高、品质极好，所以草莓产业发展势头良好。

（三）存在问题

尽管草莓产业在快速发展的同时为产区带来了显著的社会效益和经

济效益，但产业整体运行效率仍处于较低水平。产业在生产、加工、销售等环节均存在诸多问题，制约着产业发展空间以及产业整体竞争力的提升。草莓产业存在的问题主要有以下几点。

1. 种苗品质较差，脱毒种苗使用率低

国内草莓栽培仍以传统自繁自育模式为主，种苗多年连栽而未经脱毒处理，品质普遍较差。近年来，政府大力推广使用具有良好适应性、抗病性及抗逆性的脱毒种苗，但受成本较高、农民繁育风险较大以及多数农户使用意识不强等因素的影响，脱毒种苗整体使用率仍较低。

2. 栽培管理技术落后

一是定植密度普遍较大。受种苗品质较差、土壤普遍缺肥等因素影响，草莓种苗定植株数大多在120 000～150 000株/hm^2，一般而言，较为合理的种植密度应为105 000株/hm^2。定植过密植株易受病虫害影响，且果实腐烂率较高，鲜果最终产量和品质都会受到影响。二是重茬现象突出，易发生土传病害。

3. 产业加工环节整体实力较弱

大多数草莓加工企业规模较小，受资金不足、加工技术和设备落后等因素制约，草莓鲜果加工能力整体较弱，加工制品多以初级产品为主，产品附加值较低，企业盈利空间有限，规模难以扩大，企业发展陷入恶性循环。调研发现，加工企业缺乏资金，技术和设备落后是制约加工业发展的主要瓶颈。

4. 缺乏现代、高效的物流体系

一是缺乏大型的物流交易中心。国内草莓交易批发市场大多规模较小，且基础设施较落后，交易方式仍以传统的现货交易为主，电子拍卖、远期合约交易等新型交易方式尚未得到推广和应用。随着草莓产业进一步发展，传统交易方式逐渐呈现效率低下的弊端。二是缺乏从产地物流中心至销区贮运地的全程冷链贮运体系。国内草莓鲜果流通主要以汽车运输为主，通过在产品包装中加入干冰来实现保鲜。远距离运输中传统的运输及保鲜方式在很大程度上会影响保鲜效果。

5. 产业主体市场意识薄弱

一是品牌化运作意识不足。目前，国内仅有少数草莓产区申请注册了品牌，通过品牌效应带动产业发展，如“双流草莓”“长丰草莓”“东港草莓”和“昌平草莓”等，大多数产区草莓仍未形成品牌。二是市场细分程度较低。针对主产区的调研显示，草莓高端产品礼品市场潜力巨大，但市场主体品牌化运作意识欠缺，在很大程度上制约了产品市场的进一步细分，产业盈利空间有限。

6. 市场规范化管理不足

一是缺乏针对草莓产业的规范标准。不同区域、不同栽培模式的生产标准、鲜果果品的质量分级标准和方法以及果品加工的技术规范等均尚未形成。二是市场监管体系不健全。草莓生产、鲜果分级、产品包装及标识、鲜果运输等环节多为粗放管理，质量监管体系尚未能覆盖产业各环节。

四、发展趋势

国产草莓品种将成为主打品种。近几年来，利用欧美品种和日本品种不断杂交，国内筛选出来许多性状都优于国外的品种。例如京藏香、京桃香等品种，深受广大消费者的喜爱，优质草莓的生产会成倍增加，市场需求会越来越大。一方面，随着草莓品种改良，繁育方式、栽培及管理技术的逐步升级，国内草莓单产水平会有明显的提升，草莓生产现代化程度也将逐步提升。另一方面，随着主产区种植规划趋向合理以及有效资源的进一步整合，草莓生产的规模效益将更加明显，未来国内消费仍将保持持续增长趋势。

随着中国草莓产出潜力被不断挖掘，除继续满足国内消费所需、拓展草莓加工业发展空间以外，积极开拓国际市场，实现鲜果草莓较大数量出口是今后草莓产业发展的必然方向。未来中国草莓产业要实现稳定发展，走向世界市场，仍需要从制定产业发展战略、完善育苗体系、建立健全技术服务体系、构建现代物流体系、制定行业标准体系等方面不断完善。

（一）制订产业发展战略规划，促进草莓加工业发展

进一步合理规划和整合产地资源，加快规模化经营步伐；通过政府引导，龙头企业带动以及合作社、行业协会、中介组织等多渠道带动农户参与产业化经营，提升产业运行效率和综合竞争力；培育拥有自主知识产权的商标和品牌，打造地区草莓品牌；利用网络等媒体加大产品宣传力度，带动产业发展，进一步拓展国内外市场。从适宜加工的草莓品种选育入手，发展产前、产中、产后及加工保鲜相关技术，从而促进加工型草莓发展，促进加工产品产量、质量的提高，为我国草莓加工产品出口创汇打好坚实基础。

（二）完善政策支持体系，选育优良品种

加强政府对科研机构的专项科研资金投入力度，建立新品种、新技术的生产示范基地；在金融政策和税收政策方面给予加工企业，尤其是地方龙头企业以资金扶持、税收优惠；通过奖补政策鼓励农户采用现代基础设施、现代生产技术。世界各国地理位置不同，土壤和气候条件差距很大，因此，都需要适合本国的草莓品种，而我国自主培育的优良草莓品种还很少，需要加快推进这方面的工作。

（三）构建政府主导型育苗体系

改变目前国内草莓产业育苗体系（即原原种、原种和种苗3级体系）中由农户担当育繁主体的格局，逐步形成由政府主导，规模化企业担当育繁主体，向农户提供优良原原种和原种的新型育苗体系。大力推广无病毒苗。由于我国草莓长期连作，并很少应用无病毒苗更新换代，因此生产上病毒病侵染严重，造成生长势衰退，产量下降。其中，草莓斑驳病毒、草莓皱缩病毒、草莓轻型黄边病毒、草莓镶脉病毒已在我国老产区侵染较重。先进发达国家已基本上实现了无病毒苗栽培，在我国推广纯正优质无病毒苗已势在必行。目前我国正在大力通过组织培养生

产无病毒苗，并在生产上开始推广应用。

（四）建立健全生产技术服务体系，开展省力化栽培

鼓励科研机构引进国内外优良品种和栽培技术，加速草莓种植基地繁育方式和种植技术的改良；充分发挥草莓专业协会、草莓研究机构的技术指导与服务功能；建立起多元化、灵活、覆盖面广的技术推广体系。种植草莓较为费时费力，我国北方日光温室栽培需卷帘、盖帘、除雪、加温等环节，劳动强度比南方塑料大棚栽培更大，安装卷帘机、滴灌设备等方式大大降低了劳动强度。同时由于采收任务繁重，人工费也越来越高，因此在一定程度上减轻劳动强度也将成为产业发展的必然趋势。

（五）建立现代、高效的物流体系

在交通便利的主产区核心区域构建面向全国及国外市场的大型、现代化物流中心；在各主产区，建立面向区域内及国内区域间的中型物流中心；逐步在大中型物流中心推广、使用现代电子交易方式。构建完备的冷链运输体系，实现从产地到销地的全程冷链运输，提升流通环节的整体效率。

（六）强化产业标准及安全意识

加快制定行业内标准体系，进一步明确生产、加工等重要环节的管理标准；加强草莓生产、包装及运输等环节的质量监管，尤其是对绿色产品的检测，提高市场主体质量安全意识，为产品走出国门奠定良好的基础。国外技术先进国家草莓生产早已完成产业化，生产上实现了专业化、集约化和机械化。我国虽然现已成为世界草莓生产大国，但远未成为草莓生产强国，突出表现在我国草莓育种、良种苗繁育、栽培管理、病虫害防治、贮运保鲜等各环节与技术先进国家相比差距较大，而且各环节没有实现专业分工，还有很大的进步空间。

第二章 主要栽培品种

根据栽培方式，草莓可以分为以下几类品种群。

一、适于露地栽培的品种

1. 甜查理

1986 年美国佛罗里达大学海岸研究和教育中心用 FL80－456 与派扎罗杂交育成。

果实圆锥形，成熟后果面色泽鲜红，光泽好，美观艳丽。果面平整，种子（瘦果）稍凹入果面，肉色橙红，髓心较小而稍空，硬度大，可溶性固形物含量高达 8%～11%，甜脆爽口，香气浓郁，适口性极佳。果实抗压力较强，摔至硬地面不破裂，耐贮运性好。果实较大，第一级序果平均重 50 g，最大果重高达 83 g。

植株健壮，每株有花序 6～8 个，每序有花数 9～11 朵，自开花至果实成熟约需 40 d。植株休眠极浅，与丰香近同，为 20 h 左右，极适于搞设施促成栽培，一般 10 月下旬扣棚，采果时间可从 12 月中旬一直延续到翌年 5 月中旬，平均单株产量 481.5 g，亩栽 8 000～10 000 株，每亩产量 3.5 t 以上。该品种抗高低温能力强，采果期亦早，既适于露地栽培，又适于设施促成栽培。

2. 全明星

河北省满城县草莓研究所 1985 年从美国引入，具有适应性强，丰产性好，结果品质佳等特点。

果实较大，长圆锥形，果面鲜红色且有光泽，果形整齐美观。果肉淡红色，髓心小，肉质细，口味甜酸。一级序果平均重 28.2 g，最大果可达 48.5 g，果实肉质致密，硬度极大，果皮韧性强，不易破损变形和腐烂，耐贮性好，常温下可贮藏 3～5 d，加工性亦好。

植株生长强壮，株型半开张，匍匐茎繁殖能力强，叶柄较长，植株较高。叶片大，呈椭圆形，深绿色，有光泽，叶脉明显。花序为每株 2～4 个，种子小，凸出果面。植株丰产性好，株产可达 350～500 g，每亩产量 1.5～2 t，较保定鸡心增产 30%～40%。该品种休眠深，需 5 ℃以下低温 600 h 以上，是适宜露地和半促成栽培的优良品种。

3. 久能早生

日本品种，由旭宝与丽红杂交育成。果实圆锥形，果面鲜红色，果肉较硬，橘红色，果髓空，果汁中等，口味酸甜，种子黄绿色，陷入果面较浅。可溶性固形物含量 10%，果实硬度中等。最大单果重 38 g，平均果重 15 g，亩产 1.5 t 以上。果实品质好，可鲜食或加工。该品种植株生长势强，叶片长圆形，浓绿，休眠较浅，适于促成栽培和露地栽培。

4. 达赛莱克特

法国品种，由派克与爱尔桑塔杂交育成。果形为长圆锥形，一级序果平均重 30 g，最大果重 80 g。果个大，丰产性强，一般株产量达 250 g 以上，每亩产量约 2.5 t。果面为深红色，有光亮，果肉全红，质地较硬，耐贮运性强。果实可溶性固形物含量 11%左右，成熟后口感良好，香味浓郁，风味极佳。植株生长势强，株态较直立，叶片多而厚，深绿色。该品种抗病性和抗寒性较强，适于露地和半促成栽培。

5. 卡麦罗莎

美国加利福尼亚州福罗里达大学 20 世纪 90 年代育成。果实长圆锥形或楔形，果面光滑平整，种子略凹陷，果面鲜红伴有蜡质光泽。果肉红色，质地细密，硬度大，耐贮运。口味甜酸，可溶性固形物含量达 9%以上，丰产性强，一级序果平均重 22 g，最大果重 100 g。该品种长势健旺，株态半开张，匍匐茎抽生能力强，根系发达，抗白粉病和灰霉病，休眠浅，叶片中大，近圆形，色浓绿，有光泽。植株可连续结果采

收 5～6 个月，亩产约 4 t，为鲜食和深加工兼用品种，适于温室和露地栽培。

6. 红玫瑰

荷兰品种。果实圆锥形，果面橘红色至鲜红色，有光泽。果肉具有独特和浓郁的芳香味，口感好。果实硬度中等，一级序果平均重 13 g，丰产，中熟品种。植株生长势强，匍匐茎发生能力强，抗病，尤其对多种土传性病害具有一定的抗性。该品种适于露地和半促成栽培，是目前欧洲系草莓品种中风味最好的浓香型品种。

7. 草莓王子

荷兰培育的高产型中熟品种，也是欧洲最著名的鲜食主栽品种。果实圆锥形，果个大，一级序果平均单果重 42 g，最大单果重 107 g，果面红色，有光泽。果实硬度大，贮运性佳，口味香甜，口感好。植株大，生长强壮，叶片灰绿色，匍匐茎抽生能力强，喜冷凉湿润气候。花芽分化需要低温短日照。该品种产量特别高，拱棚栽培亩产可达 3.5 t，露地栽培亩产可达 2 800 kg。该品种特别适合我国北方拱棚和露地栽培，是目前产量最高的草莓品种，也是替代戈雷拉的首选品种。

8. 哈尼

美国品种。果实圆锥形，果面深红色。果肉红色，果心稍有空腔，肉质细软、汁多、口味酸甜。果较硬，耐贮性较强，一级序果平均重 20.5 g，中熟品种。植株长势较强，株型直立。叶中等偏小、长圆、较厚、深绿色、平展、光滑。该品种适应性强，是适合深加工的好品种，丰产，抗蛇眼病。

9. 达娜

美国品种，早中熟。果实较大，一、二级序果平均单果重 14.1 g，最大果重 28.5 g。果实圆锥形或楔形，果面红色、光泽强、平整或有少量浅棱沟。果肉红色，髓心中等大、稍空、橙红色。果肉细，甜酸适中，香气浓，汁液多，可溶性固形物含量 8.8%。该品种耐贮运性好，果实外观美，品质较优。

10. 森嘎拉

德国品种，别名森加森加纳、森格森格纳、森嘎那、森嘎、森加森加拉。

果面深红色，有光泽，种子分布均匀，平于果面，果肉多汁，口味甜酸爽口，可溶性固性物含量7%～9%。果个中大均匀，一级序果平均重16 g，最大单果重25 g。植株长势稳健，株态紧凑，叶色深绿，叶片中大厚，椭圆形，平展有光泽。花梗较粗，花序较短，低于叶面，匍匐茎抽生能力强，匍匐茎粗而节间短，茎稍显红色。该品种适于深加工，亩栽培密度为11 000～12 000株。

11. 盛冈16号

日本品种，中晚熟。果实短圆锥形，果面平整，有光泽，髓心中大，稍空。果肉橘红色，稍硬，味酸甜，具浓香，品质上。一级序果平均重16.8 g，最大果重28.0 g。植株生长势强，直立，花梗粗壮，果实不易与地面接触，烂果少。单株花序3～5个，丰产，适应性强，在北方可避免晚霜危害，适宜露地栽培。

12. 冬香

北京市农林科学院林业果树研究所以卡姆罗莎为母本、红颜为父本杂交选育而成，2010年通过北京市林木品种审定委员会审定。

果实长圆锥形或楔形，平均单果重24.5 g，最大单果重57 g，果面红色，光泽强，有香味，耐贮运。果实可溶性固形物含量9.8%，维生素C含量为0.631 mg/g，总糖为4.97%，总酸为0.65%。在北京地区日光温室条件下，成熟期为1月中下旬。

冬香是欧美品种和日系品种的杂交后代，该品种肉质细，风味浓，品质较好，加之果面全红，抗虫性强，耐贮运，适合露地和设施栽培，在我国具有较广阔的市场和较好的发展前景。

13. 福莓2号

以佐贺清香为母本、法兰地为父本育成的新品种，2014年6月通过福建省农作物品种审定委员会审定。

果实圆锥形，果面红色，种子平于果面。肉质细腻，甜而多汁，香味浓，可溶性固形物含量 9.5%，总糖含量 7.1%，可滴定酸含量 0.47%，糖酸比 15.1∶1，维生素 C 含量 0.719 mg/g。平均单果重 20 g，每亩产量约 2.7 t。植株生长势强，株高约 16 cm，冠径约 35 cm×35 cm。三出复叶，叶片圆形。两性花，花瓣白色，花序稍低于叶面，斜生。每株有花序 4～6 个，每序结果 7 个左右。该品种抗白粉病，中抗灰霉病，适宜露地或设施栽培。

14. 京醇香

北京市农林科学院林业果树研究所以给维塔与鬼怒甘为亲本杂交选育出的中早熟草莓新品种，2012 年通过北京市林木品种审定委员会审定。

果实圆锥形，果面红色，果面平整，果肉橙红色，肉质细韧，风味酸甜适中，有香气。平均单果重 28.2 g，最大单果重 54 g，果实平均纵径 5.24 cm、横径 3.92 cm。果实可溶性固形物含量 8.9%，可溶性糖 5.2%，可滴定酸 0.68%，硬度 3.26 kg/cm^2*，维生素 C 含量 0.85 mg/g，品质中上。

果实生育期 25～30 d，在北京地区日光温室 1 月中旬成熟，连续开花结果能力强，较抗白粉病和灰霉病。该品种适合北京地区栽培，当年开花结果，较丰产。该品种花量适中，果肉细韧，耐贮运，有特殊香味，不易感病，适合设施和露地栽培。

15. 黔莓 2 号

贵州省园艺研究所以章姬作母本、法兰帝作父本杂交育成，2010 年通过贵州省农作物品种审定委员会审定。

果实短圆锥形，一级序果平均单果重 25.2 g，最大单果重 68.5 g。果面鲜红色，有光泽，种子分布均匀。果肉橙红色，肉质细韧，香味浓，风味酸甜适中。5 月采收草莓果实硬度 0.86 kg/cm^2，1 月采收草莓

* 1 kg/cm^2 = 98.066 5 kPa。——编者注

果实硬度 1.44 kg/cm^2，可溶性固形物含量 10.20%～11.50%，总糖含量 7.40%，可滴定酸含量 0.55%，维生素 C 含量 0.9 mg/g。在贵州省中部，露地栽培果实成熟期为 4 月中下旬，设施栽培果实成熟期为 11 月中下旬。该品种露地和设施栽培均可。

16. 石莓 6 号

河北省农林科学院石家庄果树研究所以 360－1 优系和新明星杂交育成的草莓新品种，2008 年 12 月通过河北省林木品种审定委员会审定。

果实短圆锥形，有果颈，易去萼，果面鲜红色，有光泽。果肉红色，质地细密，髓心小，无空洞，纤维少，汁液中多，香气浓，味酸甜，硬度大，可溶性固形物含量 9.08%。果实硬度大，耐贮运性好，植株丰产性好。石家庄地区露地栽培 3 月上旬萌芽，3 月下旬现蕾，4 月上旬开花，5 月初果实成熟，5 月底至 6 月初为采收末期，设施半促成栽培采收期长达 3～4 个月，果实发育期 28 d 左右，匍匐茎 4 月上中旬发生。

该品种适宜露地及设施半促成栽培，在我国东北、华北、华中、华东、西南、西北地区及华南的高山冷凉草莓适生区均可栽培，定植时可适当密植，露地平畦栽培株行距以 20 cm×30 cm 为宜，高垄栽培株行距以（13～15)cm×(55～65)cm 为宜，垄高以 25～30 cm 为宜。

17. 石莓 7 号

河北省农林科学院石家庄果树研究所以枥乙女为母本、全明星为父本杂交育成的新品种，2012 年 1 月通过河北省科学技术厅组织的成果鉴定及河北省林木品种审定委员会审定。

果实圆锥形，果面平整，鲜红色，有明显蜡质层光泽，光泽度强，萼下着色良好。果肉橘红色，肉细腻，纤维少，味酸甜，香气浓，可溶性固形物含量 10.5%。果实硬度 0.447 kg/cm^2，较耐贮运。一级序果平均单果重 33.6 g，二级序果平均单果重 21.5 g，平均单株产量 358.6 g，丰产性好。中早熟品种，在石家庄地区露地栽培（地膜覆盖）2 月下旬

至3月上旬萌芽，3月下旬现蕾，4月上旬开花，5月初果实成熟，5月底至6月初为采收末期，果实发育期28 d左右。

果实适宜鲜食或加工果汁、果酱。在中国东北、华北、华中、华东、西南、西北地区及华南的高山冷凉草莓适生区均可栽培，适宜露地及设施半促成栽培，定植时可适当密植。

18. 晋硕

山西省农业科学院果树研究所从春星实生苗中选育出的鲜食草莓新品种，2013年12月通过山西省林木良种审定委员会审定。

果实圆锥形，果个均匀，大果率高，畸形果少，一级序果平均单果重32.2 g，最大单果重44.3 g，平均株产243.7 g。果实外观整齐、漂亮，果面深红色，光泽强。果肉细脆、橙红色，髓心小，浅红色，外有白圈，空洞小或无空洞，硬度较大。果实香气浓，风味酸甜，品质上，可溶性固形物含量10.6%，总糖含量7.20%，总酸含量0.95%，糖酸比7.57∶1。

该品种植株生长健壮，繁殖系数高，丰产性好，抗病虫能力强，综合性状优良、稳定，适宜在山西草莓栽培区发展。

19. 硕丰

江苏省农业科学院园艺研究所从MDUS4484与MDUS4493杂交后代中培育出的晚熟、大果、耐热新品种，1989年11月通过江苏省省级鉴定。

果实大，单果重15～20 g，最大果重50 g，短圆锥形，果实整齐。果面橙红色，颜色鲜艳。种子黄绿色，分布均匀，平嵌果面。果肉红色，肉质细韧，髓部小，无空，红色，风味甜酸浓，可溶性固形物含量10%～11%，维生素C含量0.519 mg/g。果实坚韧，硬度大，耐贮性好，在常温下存放3～4 d不变质，加工性能好，适于速冻。

植株生长势强，矮而粗壮，株态直立，株冠较大，株高约23 cm。叶片中等较大，圆状扇形，叶片厚，深绿色，叶面光滑、平展。叶柄短粗，长约20 cm，径粗约0.44 cm，梗绿色。两性花，花序高于叶面或与叶面平，每株平均有花序 3 个。该品种病害少，对灰霉病、炭疽病抗性强，适于长江中下游地区推广。

20. 新明星

河北省农林科学院石家庄果树研究所从全明星品种中选育而成，属中熟品种。

果实个大，一级序果平均果重 25 g，最大果重 56 g。果楔形，果面红色，有光泽。果肉橙红色，汁多，口味甜酸，可溶性固形物含量 10%，果肉硬度大。植株生长势强，株冠大。叶椭圆形，深绿色，叶厚。花序低于叶面，两性花。该品种每株产量约 200 g，适合半促成栽培。

21. 红丰

山东省果树研究所通过杂交育种选育出的丰产优质草莓新品种，1989 年通过验收鉴定。

果实整齐，圆锥形，果面鲜红色，有光泽，美观。果实在不疏果条件下，平均单果重 13.4 g，在严格疏果条件下，单果重约 50 g。果肉橘红色，品质优良，甜酸适口，每 100 g 果肉含糖 7.73 g、酸 1.04 g，维生素 C 59.66 mg。果实硬度大，种子凸出果面，耐贮运，加工性能好，是制作果汁、果酱的优良加工原料。在山东泰安地区，果实成熟期 5 月上中旬，设施栽培可在 12 月至翌年 5 月上旬上市。

生长势强，植株直立紧凑，株高约 27 cm，株展约 25 cm。叶片近圆形，大而深绿，有光泽。单株花序平均 2.6 个，花序多分两次抽生，第一批花序低于植株，第二批花序与植株等高或稍高。丰产性能好，平均株产 215 g，每亩平均产量 2.5 t，在丰产栽培条件下，每亩平均产量达 3 t。

22. 春星

河北省农林科学院石家庄果树研究所杂交选育出的草莓新品种，2001 年通过省级审定。

果实圆锥形，果面平整，呈鲜红色，有光泽，平均单果重 31 g，最

大单果重 166.7 g，种子陷入果面较浅，萼片多层翻卷。果肉橘红色，肉质细，果汁多，口味酸甜，有香味，品质优良，可溶性固形物含量 11%，总糖含量 6.82%，总酸含量 0.926%，糖酸比 7.365∶1，每 100 g果肉含维生素 C 127.3 mg。果肉硬度较大，耐贮运。

该品种 4 月底开始成熟，上市早，产量高，平均株产 468 g，最高株产 557 g，亩产量 4 t 左右，适宜露地和设施栽培。

23. 星都 1 号

北京市农林科学院林业果树研究所以全明星作母本、丰香作父本杂交育成的草莓新品种，2000 年通过北京市农作物品种审定委员会审定。

果实圆锥形，一、二级序果平均单果重 25.0 g，最大单果重 42.0 g，果面红色，有光泽。果肉红色，香味浓，风味甜酸适中，可溶性固形物含量 8.85%，总糖含量 4.99%，总酸含量 1.42%，糖酸比 3.5∶1，维生素 C 含量 0.545 mg/g。果实硬度明显大于对照品种全明星、丰香。北京地区露地栽培，星都 1 号初花期 4 月 7 日左右，盛花期 4 月 9 日左右，匍匐茎始发期 5 月 1 日左右，果实初熟期为 5 月 6 日左右，果实发育期 25～30 d。

该品种适合鲜食、速冻、制汁、制酱，适合温室种植，温室栽培可在 1 月上市，适合在全国草莓产区栽培。定植时间北方一般在 8 月中旬，南方在 10 月中旬，掌握适期偏早的原则，栽培太晚不易形成壮苗，影响翌年产量。

24. 星都 2 号

北京市农林科学院林业果树研究所以全明星为母本、丰香为父本杂交育成的草莓新品种，2000 年通过北京市农作物品种审定委员会审定。

果实圆锥形，果面红色略深，有光泽。种子黄色、绿色、红色兼有，平或微凸于果面，分布密。一、二级序果平均单果重 27 g，果实平均纵径 3.94 cm、横径 3.84 cm，最大果重 59 g。外观评价上等，风味酸甜适中，香味较浓，果肉红色，肉质评价中上等。果实可溶性固形物含量为 8.72%，维生素 C 含量 0.53 mg/g，总糖含量 5.44%，总酸含量

1.57%，糖酸比 3.46∶1，果实硬度 3.85 kg/cm^2。在北京地区 4 月上中旬初花，4 月中旬盛花，5 月上旬果实成熟，果实发育期 25～30 d。

植株生长势强，较直立。叶椭圆形，绿色，厚度中等，叶面平，叶尖向下，叶缘粗锯齿状，叶面质地较粗糙，光泽度中等。花萼单层、双层兼有，全缘，平贴或主贴副离。花序梗中粗，低于叶面，两性花。单株花序 4 个，每序平均 16 朵花，花瓣白色。

25. 硕蜜

江苏省农业科学院园艺研究所培育出的早中熟、大果、耐热、耐贮藏草莓新品种。

平均单果重 15～20 g，最大果重 50 g。果实短圆形，果面红色较深。种子分布中等、均匀，种子红色或黄色，与果面平。果肉红色，肉质细韧，果心部稍空，果心红色，风味浓甜微酸，可溶性固形物含量为 10.5%～11%，维生素 C 含量 0.659 mg/g，品质优良。果实坚韧，硬度为 0.23～0.34 kg/cm^2，耐贮性好，常温下可存放 2～3 d 不变质。

植株生长势强，矮而粗壮，株态较直立，株高约 23 cm，株冠大。叶片较大，短圆状扇形，叶色深绿，叶片平滑光亮，叶缘稍卷，叶柄中等，长约 20 cm，粗约 0.4 cm，绿色。两性花，花序梗直立，与叶面平，每株平均有花序 3 个。植株丰产性好，耐热性强，在 35～39 ℃高温持续 20 余天情况下，生长正常。该品种对灰霉病、炭疽病抗性强，适于长江中下游地区推广。

26. 明晶

沈阳农业大学将美国草莓品种日出自然杂交种子播种后选出的实生优株，1989 年通过辽宁省作物品种审定委员会审定。

果实大，一级序果平均单果重 27.23 g，最大果重 43 g，果实近圆形，整齐。果面红色，光泽好。种子黄绿色，分布均匀，平嵌果面。果皮韧性强，果实硬度较大，耐贮运。果肉红色，致密，髓心小，稍空，汁液多，口味酸甜，品质上等。单株平均产量 125.4 g，平均亩产 1.1 t，最高达 2 6 t。在沈阳地区，露地初花期为 5 月 11 日左右，盛花期 5 月

14 日左右，果实 6 月 2 日左右开始成熟，盛熟期在 6 月 7 日左右。

植株较直立，挺拔，株高约 32.8 cm。叶较稀疏，叶片椭圆形，呈匙状上卷，较厚，叶色较深，平滑具光泽。花序低于叶面，两性花。该品种抗冻性、抗晚霜、抗旱性及抗病性均较强，适应性广，在辽宁、黑龙江、河北及广东省试栽反应良好，适宜露地或设施栽培。

27. 石莓 3 号

河北省农林科学院石家庄果树研究所以自育优系 18322 为母本、全明星为父本杂交育成的高产、大果型、优质、中早熟草莓新品种，2001 年 2 月通过河北省林木良种审定委员会审定。

果实个大，一、二级序果平均单果重 31 g，最大单果重78.7 g。果实圆锥形或楔形，鲜红色，果面平整有光泽，种子黄色，中等大小，陷入果面较浅。果肉红色，肉质细，汁液多，味酸甜，香气浓，髓心略空，可溶性固形物含量 9%～11%。果实硬度较大，品质上等。石家庄地区露地栽培，果实采收始期为 4 月底至 5 月初，匍匐茎 4 月上中旬抽生。

植株生长势强，株冠大，较直立，株高约 23～30 cm，冠径约 31 cm×29 cm。叶片较大且厚，近圆形，深绿色。花萼较大，翻卷，花冠大，花径约 3 cm。每株有花序 2～4 个，每花序开花 7～9 朵，花序二歧或多歧分枝，低于叶面。平均株产 484 g，平均每亩产量 4 t。匍匐茎生长势强，繁苗率高，具有高产潜力。该品种适合我国中、北部地区露地或半促成栽培。

28. 石莓 4 号

河北省农林科学院石家庄果树研究所以宝交早生为母本、石莓 1 号为父本杂交育成的早熟草莓新品种，2003 年 9 月通过河北省科技厅组织的科技成果鉴定并定名。

果实圆锥形，橘红色，畸形果少。果实个大，一级序果平均重 36.7 g，四级序果平均单果重 10.6 g，最大果重 75 g。平均株产 393.1 g，丰产。果实整齐，无裂果，商品性好。果肉乳白色，细腻，汁中多，味浓，口感好，髓心小。种子黄绿色，稍陷入果面。果实维生素 C 含量 1.091 mg/g，可溶性固形物含量 9.4%，糖酸比 10.64∶1，甜型果，果实硬度较大，耐贮性好。

我国大部分地区均可栽培，适宜密植，露地每亩栽 1 万株左右，设施内每亩栽 1.2 万株左右，繁苗田栽 2.5 万株为宜，不必疏花疏果。

二、适于促成栽培的品种

促成栽培是在草莓完成花芽分化后进入休眠前，利用日光温室保温，使之不进入休眠，继续生长发育，实现冬季开花、结果的一种早熟栽培形式。草莓促成栽培正值寒冷的冬季，低温、弱光等不利条件容易导致畸形果增多，果实着色不良，品质降低。因此，品种选择的原则是花芽分化要求温度较高的早熟品种，休眠程度较浅，耐寒性强，长势强，花粉多而健全，果实大小整齐，畸形果少，产量高，品质好。

1. 通生 1 号

原代号 2005-01，由通化师范学院生命科学学院选育，于 2012 年 3 月通过吉林省农作物品种审定委员会审定。

果实圆形，一级序果平均单果重 36.0 g，最大单果重 62.6 g。果实鲜红色，果尖着色容易，萼下着色较慢，光泽好。种子黄绿色，凹陷浅，分布均匀。果肉橙红色，髓心白色、较小，果实完熟后髓心略有空洞。果肉质地韧，酸甜适中，香味浓郁，可溶性固形物含量 8.20%～10.00%，总糖含量 6.53%，总酸含量 0.57%，维生素 C 含量 0.83 mg/g，果实硬度为 2.16 kg/cm^2。在吉林省东部地区，露地栽培初花期 4 月下旬，盛花期 5 月上中旬，果实成熟期 5 月下旬，果实发育期 24 d 左右。在温室栽培，植株需要 50～60 d 低温冷冻休眠，现蕾期 2 月上旬，初花期 2 月下旬，盛花期 3 月上中旬，果实转白期 3 月下旬，果实成熟期 4 月上中旬，温室栽培比露地栽培早熟 50～60 d。

叶片近椭圆形，深绿色，大而肥厚，质地较粗糙，略革质，有光泽，叶梗长约 12.30 cm，托叶浅红，有叶耳。花序连续抽生性好，单花序花数 4～5 朵。花朵大，花瓣白色，两性花，每朵花有雄蕊 12～16 枚。花萼双层，宿萼绿色，主萼平离，副萼反卷，除萼容易，分蘖性较强。

2. 秀丽

沈阳农业大学园艺学院以吐德拉作母本、枥乙女作父本杂交育成的草莓日光温室促成栽培新品种，2010 年 1 月通过辽宁省非主要农作物品种备案。

一级序果为圆锥形或楔形，二级序果和三级序果为圆锥形或长圆锥形。一、二级序果平均单果重 27.0 g，最大单果重 38.0 g。果面红色，有光泽。果肉红色，髓心白色，无空洞，汁液多，风味酸甜，有香味，可溶性固形物含量 10.00%，可溶性糖含量 7.70%，可滴定酸含量 0.80%，维生素 C 含量 0.64 mg/g，果实硬度 0.43 kg/cm^2。在沈阳地区日光温室促成栽培，12 月中下旬果实开始成熟，1 月中下旬大量成熟。

该品种适合日光温室促成栽培，但在偏碱性土壤上不适宜栽培，易发生叶片黄化现象，抗草莓蛇眼病，同时对草莓炭疽病的抗性明显强于丰香、幸香、花姬等品种。

3. 晶瑶

湖北省农业科学院经济作物研究所以幸香为母本、章姬为父本杂交育成的早熟草莓新品种，2008 年通过湖北省农作物品种审定委员会审定。

果实整齐，外观美，畸形果少。果面鲜红色，富有光泽，平整。种子分布均匀，黄绿色、红色兼有，稍陷入果面。果肉鲜红，细腻，质脆，味浓，口感好。髓心小，白色至橙红色。果实维生素 C 含量 0.68 mg/g，可溶性固形物含量 13.7%，糖酸比 11.2∶1。果实硬度 0.40 kg/cm^2，耐贮性好。与父本、母本比较，该品种果实大，外观美，品质优，耐贮运，抗白粉病。在武汉地区大棚促成栽培，9 月上旬定植，一级序果 10 月中旬初花，11 月下旬果实开始成熟，翌年 1 月中旬进入盛果期。

植株生长势强，高大，平均株高可达 38.4 cm，冠径约 40.6 cm×38.4 cm。叶片长椭圆形，嫩绿色。花瓣单层，白色，花径 2.1～3.4 cm，两性花，花粉量大。每株花序 3～5 个。匍匐茎红绿色，粗，分枝生长，可繁有效苗 40 株左右。果实略长圆锥形，一级序果平均单果重 29.6 g，各级序果平均单果重 25.9 g，平均每株产量 330 g，丰产性好。该品种育苗期易感炭疽病，大棚促成栽培抗灰霉病能力与丰香相当，抗白粉病强于丰香，适合我国长江流域大棚促成栽培，栽培过程中要注意防治炭疽病和叶斑病。

4. 晶玉

湖北省农业科学院经济作物研究所以甜查理为母本、晶瑶为父本杂交育成的早熟草莓新品种，2012 年 4 月通过湖北省农作物品种审定委员会审定。

果实长圆锥形或楔形，果面鲜红色，有光泽，平整。种子分布均匀，密度中等，黄色，微凹于果面。果肉橙红色，细腻，汁液中，甜酸适中，香味浓。髓心大小中等，白色至浅红色，空洞少。果实大，一、二级序果平均单果重 21.5 g，最大果重 59.6 g，平均产量每亩 2 t。果实可溶性固形物含量 11.8%，维生素 C 含量 0.45 mg/g，总糖含量 8.46%，总酸含量 0.44%，果实硬度 0.348 kg/cm^2。

植株长势强，株形直立，平均株高 28.5 cm、冠径约 40.4 cm×39.8 cm。叶椭圆形，黄绿色，叶片厚度中等，叶面呈匙形，边向上，叶缘粗锯齿状，叶片质地较光滑、有光泽，叶柄长约 22 cm，单株约 9 片叶。匍匐茎抽生能力强。花序梗中粗，斜生，多从基部分枝，平或稍低于叶面。花瓣白色，6 枚。该品种外观美，品质较优，抗炭疽病和白粉病，丰产性好，适合在我国湖北、湖南、安徽、江西等地作大棚促成栽培，适宜一年一栽。

5. 容莓3号

江苏丘陵地区镇江农业科学研究所以甘王的3号实生后代与红颊杂交选育而成，2015年通过江苏省农作物品种审定委员会审定，为早熟抗炭疽病、白粉病新品种。

果实短圆锥形，果形端正，果面红色，果肉浅橘红色，髓心有中空现象。一、二级序果平均单果重25.2 g，最大单果重67 g，亩产量达2.2 t。果实可溶性固形物含量12.6%，总糖6.827%，可滴定酸含量0.226%，维生素C含量0.771 mg/g，肉质细腻，口感清甜。果实硬度0.48 kg/cm^2，耐贮运，货架期长。该品种高抗炭疽病，抗白粉病，适合设施栽培。

6. 天香

北京市农林科学院林业果树研究所以达赛莱克特与卡姆罗莎杂交育成，2008年通过北京市林木品种审定委员会审定。

果实圆锥形，果面橙红色，有光泽，种子黄色、绿色、红色兼有，平或微凸于果面，种子分布中等，果肉橙红色。花萼单层双层兼有，主贴副离。一、二级序果平均单果重29.8 g，果实纵横径约6.16 cm×4.37 cm，最大单果重58 g。外观评价上等，风味酸甜适中，香味较浓。果实可溶性固形物含量8.9%，维生素C含量0.66 mg/g，总糖5.997%，总酸0.717%，果实硬度0.43 kg/cm^2。露地栽培条件下北京地区4月上中旬初花，4月中旬盛花，5月上旬果实成熟，果实发育期25～30 d。

植株生长势中等，株态开张，株高约9.92 cm，冠径约17.67 cm×17.08 cm。叶圆形，绿色，叶片厚度中等，叶面平，叶尖向下，叶缘粗锯齿状，叶面质地较光滑，光泽度中等，叶梗长约6.6 cm，单株着生叶片13片。花梗中粗，低于叶面，花序抽单花，单株花总数27朵以上，两性花。该品种适合北京地区及立地条件相近区域日光温室栽培，适宜一年一栽制，建议达到完全成熟时采摘，以达到最佳的果实品质。

7. 皖香

安徽省农业科学院园艺研究所以日本草莓品种 4377 和佐贺清香杂交选育而成的早熟新品种，2016 年 6 月通过安徽省非主要农作物品种鉴定登记委员会认定。

果实长圆锥形，春节前果面为粉色，后期为红色。果面平整，有光泽。果基无颈和种子带，种子分布均匀。果肉白色，味甜，香浓，可溶性固形物含量 10.5%～12.9%，硬度 1.06～1.36 kg/cm²。一、二级序果平均单果重 17.26 g，亩产量平均 1.66 t。植株半直立，长势强，株高平均为 36 cm。匍匐茎抽生能力强。叶片绿色，椭圆形。

参照安徽省草莓促成栽培技术规范，植株 9 月初定植，10 月上旬现蕾，11 月中旬初果期，12 月上中旬达到盛果期。在幼果期、开始采收期和采收盛期分别进行每亩追施草莓专用肥 5～10 kg，滴灌施下，及时疏花疏果，平均每序花留 3～6 个果。该品种栽培时要调节好棚内温湿度，及时摘除老叶，注意防治灰霉病。

8. 艳丽

沈阳农业大学园艺学院以 08－A－01 为母本、枥乙女为父本杂交育成，2014 年 3 月通过辽宁省非主要农作物品种备案委员会备案。

果实圆锥形，果形端正，果面平整，鲜红色，光泽度强。种子黄绿色，平或微凹于果面。果肉橙红色，髓心中等大小，橙红色，有空洞。果实萼片单层，反卷。在日光温室促成栽培或半促成栽培条件下，一级序果平均单果重 43 g，大果重约 66 g。果实汁液多，风味酸甜，香味浓郁，可溶性固形物含量 9.5%，总糖 7.9%，可滴定酸 0.4%，维生素 C 0.63 mg/g，果实硬度 2.73 kg/cm²，耐贮运。该品种抗灰霉病和叶部病害，对白粉病具有中等抗性。在沈阳地区日光温室促成栽培，11 月上旬始花，12 月下旬果实开始成熟，亩产量 2 t 以上。在沈阳地区日光温室半促成栽培，翌年 1 月下旬始花，3 月上旬果实开始成熟，亩产量 2.5 t 以上。

该品种适合在沈阳及以南地区日光温室促成栽培，沈阳及以北地区

日光温室半促成栽培，既可以进行传统的土壤栽培，也适合进行人工基质栽培。花期注意温度和光照管理，果实完全成熟时及时采收。

9. 紫金香玉

江苏省农业科学院园艺研究所以高良5号为母本、甜查理为父本经杂交选育而成的抗病优质设施草莓新品种，2012年通过江苏省农作物品种审定委员会审定。

该品种早熟丰产，平均单果重18.5 g，亩产量约2.06 t。果实圆锥形，果个大，果形整齐，大小均一。果实无果颈无种子带，种子分布均匀，坐果率高，畸形果少。果面平整，红色略深，光泽强。果肉橙红色，肉质细韧，风味佳，酸甜香浓。果实可溶性固形物含量11.4%，总糖5.82%，总酸0.86%，维生素C 0.712 mg/g，硬度极佳，耐贮运，全年平均硬度为2.19 kg/cm^2。

植株长势强，半直立，耐热性强，抗炭疽病、白粉病，育苗容易，适合我国大部分地区促成栽培。

10. 容美

江苏丘陵地区镇江农业科学研究所以红颊与明宝杂交育成的早熟抗病新品种，2011年通过江苏省农作物品种审定委员会审定。

果实长圆锥形，果个整齐，果面红色至深红色，果面整齐，光泽强。种子黄色、绿色、红色兼有，稍陷入果面，分布密度中。果肉白色，髓心白色，味甜酸，香气浓，果实可溶性固形物含量12.4%，维生素C含量1.547 mg/g，总糖7.05%，可滴定酸0.53%，果实硬度3.7 kg/cm^2。果大丰产，一、二级序果平均单果重23.5 g，最大果重54.0 g，亩产量约2.67 t。

生长势较强，植株直立，株高约12.3 cm，冠径约27.5 cm×28.3 cm。匍匐茎抽生能力强。叶绿色，椭圆形，长约8.4 cm，宽约6.0 cm，叶片厚度中等，叶面平，叶尖向下，叶缘锯齿尖，叶面质地粗糙，光泽度中等，叶柄长约7.0 cm。小花白色，两性花，花粉发芽力强，授粉均匀，坐果率高，畸形果少。每花序9～15朵花，平均花序长18.5 cm。

该品种适合江苏省草莓促成栽培区域种植和华北等广大区域的日光温室栽培。繁苗时及时整理和切断匍匐茎，8 月上中旬控制肥水促进花芽分化。注意在苗期适当控制肥水，促进花芽早分化，开花后适当提高棚温。

11. 宁丰

江苏省农业科学院园艺研究所以达赛莱克特为母本、丰香为父本经杂交选育而成的设施草莓新品种，2010 年通过江苏省农作物品种审定委员会审定。

果实纵径大于横径，果实圆锥形，萼心状态稍凹。果实大，果形不整齐度极小，大小均一。果面平整，坐果率高，畸形果少。果实外观整齐漂亮，果面红色，光泽度强，色泽均匀。果实无果颈无种子带，种子分布稀且均匀，着生状态平于果面。果肉橙红色，无空心，肉质细，风味甜，在南京周围地区全年可溶性固形物含量平均为 9.8%，硬度 1.68 kg/cm^2。一、二级序果平均单果重 22.3 g，最大单果重57.7 g。该品种早熟丰产，适合我国大部分地区促成栽培。

12. 申阳

上海市农业科学院林木果树研究所以久能早生为母本、宝交早生为父本经杂交选育而成的优质抗炭疽病草莓新品种，2014 年完成上海市新品种认定。

果实圆锥形、整齐，一、二级序果平均单果重 25 g，果形指数 1.47。果面鲜橙红色，富有光泽，果肉浅红色、肉细多汁、甜酸适口，香气浓郁，可溶性固形物含量 10.5%～12%，可滴定酸含量 0.542%，维生素 C 含量 0.88 mg/g。

该品种生长势强、株型紧凑，早熟丰产，抗草莓炭疽病，对草莓白粉病和灰霉病有一定抗性。该品种耐受高温干旱，低温休眠量与丰香相近，适合上海及周边地区设施促早栽培。

13. 越丽

浙江省农业科学院园艺研究所以红颊为母本、幸香为父本杂交选育

而成的早熟草莓新品种，2013 年 12 月经浙江省非主要农作物品种审定委员会现场考察，定名为越丽。

果实圆锥形，美观，顶果平均重 39.5 g，平均单果重 17.8 g。果面平整、鲜红色、具光泽，髓心淡红色，无空洞。果实甜酸适口，风味浓郁，总糖含量 9.9%，总酸含量 0.71%，维生素 C 含量0.61 mg/g，果实平均可溶性固形物含量 12.0%，平均硬度 0.33 kg/cm^2。该品种感炭疽病、中感灰霉病、抗白粉病，每亩平均产量 1.47 t。

该品种为早熟品种，在浙江北部大棚促成栽培，9 月上旬定植，10 月 25 日左右始花，12 月初始果，容易感染草莓灰霉病，栽培上要重点关注，对斜纹夜蛾、蚜虫、螨类以及地下害虫没有特别强的抵抗力。

14. 红袖添香

北京市农林科学院林业果树研究所以卡姆罗莎为母本、红颜为父本杂交育成，2010 年 12 月通过北京市林木品种审定委员会审定。

果实长圆锥形或楔形，果面红色，有光泽，种子黄色、绿色、红色兼有，平于果面，种子分布中等。果肉红色，花萼单层、双层兼有，主贴副离。一、二级序果平均单果重 26.5 g，果实平均纵横径 6.08 cm×4.46 cm，最大果重 98.0 g。果实风味酸甜适中，有香味，可溶性固形物含量 10.5%，维生素 C 0.49 mg/g，总糖 4.48%，总酸 0.48%，果实硬度 3.159 kg/cm^2。在北京地区日光温室栽培现蕾期为 11 月上中旬，初花期为 11 月下旬，盛花期为 12 月中旬，果实转白期为 12 月下旬，果实成熟期为翌年 1 月上中旬。

植株半开张，生长势强，株高约 12.96 cm，平均冠径 28.37 cm×26.63 cm。叶圆形，绿色，叶片厚度中等，叶面平，叶尖向下，叶缘锯齿钝，叶柄长约 9.4 cm，单株平均着生叶片 10.8 片。花序分歧，低于叶面，单花序花数约 6 朵，单株花总数约 56 朵，两性花。该品种适合北京、河北等地日光温室栽培，云南露地栽培，要注意疏花疏果合理负载，提高果品质量。

15. 宝交早生

日本培育的早熟品种，适合多种栽培形式。果实大，一级序果平均单果重 17 g，最大果重 30 g。果实圆锥形，果面鲜红色，有光泽，果肉白色，果肉质地细，风味甜酸，可溶性固形物含量 9%～10%，品质优。植株生长势中等，株姿开展。叶片大，长圆形，叶绿色，叶面平展，每株有 3 个花序，花序斜生，平于或高于叶面，每序有 6 朵花，两性花。北京 5 月中旬采收，一般亩产 1～1.5 t，最高达 2 t。我国南北方均适于栽培。

16. 春香

日本培育的早熟品种，适合促成栽培。果实大，平均单果重 18 g，最大果重 35 g，短楔形，果面红色。果肉白色，质地细，风味浓，可溶性固形物含量 10%～12%，品质佳。植株生长势强，株姿较直立，株冠大。叶片大，叶圆形，叶黄绿色，叶片无光泽。每株有 2～3 个花序，每序约有 7 朵花，花序斜生，花序低于叶面，两性花。每亩产量 1.5～2 t，我国北方均可栽培。

17. 静香

日本培育的早熟品种，适合促成栽培。果实中大，长圆锥形，大小整齐，一级序果平均单果重 15 g，最大果重 20 g。果面红色，具光泽。果肉浅红色，髓心小，质地细，果风味香甜，品质优。植株长势强，株型半开展。叶片椭圆形，叶中等大小，深绿色。每株 5～7 个花序。该品种丰产，亩产 1.5～2 t，我国南北方均适于栽培。

18. 秋香

日本培育的早熟品种，适合促成栽培。果实中大，长圆锥形，果面红色，有光泽。果肉红色，髓心小，肉质细密，果品质好，一级序果平均单果重 16 g，最大果重 22 g。植株长势强，株型开展。叶片长椭圆形，浅绿色。每株有 3～5 个花序，花序低于叶面，两性花。我国南北方均可栽培。

19. 大将军

美国品种，是美国系草莓品种中果个和果实硬度最大、耐贮运型品种。一级序果平均单果重 58 g，最大果重 122 g。果实圆柱形，果面鲜红色，着色均匀。果肉香甜，品质优良，口感好，果肉致密，硬度大，耐贮藏运输。植株大，生长势强，匍匐茎发生能力中等。该品种早熟，丰产，抗旱耐高温，抗病能力强，适于促成栽培。

20. 红颊

日本静冈县农业试验场 1993 年以幸香为父本、章姬为母本杂交选育而成的大果型草莓新品种，杭州市农业科学研究院于 2000 年引进我国。

果实长圆锥形，果面和内部色泽均呈鲜红色，着色一致，外形美观，富有光泽。最大果重 81 g，平均单果重 25.3 g，香味浓，酸甜适口，果实硬度适中，耐贮运。株型高大，茎叶色略淡。花茎粗壮直立，花茎数和花量都较少。植株休眠程度较浅，花芽分化与丰香品种相近，花穗大，花轴长而粗壮。植株耐低温能力强，在冬季低温条件下连续结果性好，但耐热耐湿能力较弱，较抗白粉病。该品种连续结果性强，丰产性好，平均单株产量在 300 g 以上，每亩产量 1.8 t 左右，具有长势旺，产量高，果个大，口味佳，外观漂亮，商品性好等优点，鲜食加工兼用，适于大棚促成栽培。

21. 鬼怒甘

日本培育的早熟品种，适合促成栽培。果实大，短圆锥形，整齐。果面鲜红艳丽，可溶性固形物含量 12%。植株生长势极强，株姿开展。叶片大，叶柄长，抽生匍匐茎的能力强，茎粗而长。花序低于叶面，两性花，极丰产，亩产 3～4 t。该品种抗病性强，适合我国南北方栽培。

22. 佐贺清香

日本佐贺县农业试验研究中心以大锦与丰香杂交育成，1998 年命名，综合性状优于丰香。果实大，一级序果平均单果重 35.0 g，最大单果重达 52.5 g。果实圆锥形，果面颜色鲜红色，富光泽，美观漂亮，畸形果和沟棱果少，外观品质极优，明显优于丰香。果实可溶性固形物含量 10.2%，甜酸适口，香味较浓，品质优。果实硬度大于丰香，耐贮运性强，货架寿命长。温室栽培连续结果能力强，采收时间集中，须注意防治白粉病。

23. 明宝

日本品种，由春香与宝交早生杂交选育而成。果实圆锥形，平均单果重 10 g，果面橙红色，稍淡。果肉白色，柔软多汁，风味甜，具独特芳香，可溶性固形物含量 9.4%～12.4%，维生素 C 0.81 mg/g。果实硬度小，贮藏性差。在设施栽培下植株能连续现蕾，果实不断成熟上市，前后产量较均衡。该品种为休眠期浅的早熟、优质、高产的促成栽培品种，鲜食，可在我国中部草莓种植区及偏北地区塑料大棚种植。

24. 丽红

日本培育的早熟品种，适合促成栽培。果实大，一级序果平均单果重 13 g，最大果重 50 g。果实长圆锥形，果面红色，具光泽。果肉红色，质地细，果汁多，风味甜酸，有香气，可溶性固形物含量 10%～11%。植株生长势强，较直立，植株大。叶片大，叶柄长，叶椭圆形，叶片薄，叶绿色微黄。花序斜生且低于叶面，两性花。

25. 黔莓 1 号

贵州省园艺研究所以章姬与法兰帝草莓杂交育成，2010 年 12 月通过贵州省农作物品种审定委员会审定。

果实圆锥形，鲜红色，光泽好。果肉橙红色，髓心白色、小，果实完熟后髓心略有空洞，果尖着色容易，萼下着色较慢。一级序果平均单果重 26.4 g，最大果重 83.6 g，果实纵横径约为 4.46 cm×4.01 cm。果肉质地韧，酸甜适中，香味较淡，可溶性固形物含量 9%～10%，总糖 7.73%，总酸 0.44%，维生素 C 含量 0.909 mg/g，果实硬度为 1.57 kg/cm^2。种子黄色、绿色、红色兼有，凹陷，分布均匀。在贵州

省黔中地区作大棚栽培，现蕾期为10月中下旬，初花期11月上旬，盛花期11月中旬，成熟期12月上中旬。

26. 弗吉尼亚

西班牙中熟品种。果实为长圆锥形或长平楔形，果面颜色深红，味酸甜，硬度好，耐贮运，鲜果汽运可达俄罗斯符拉迪沃斯托克。果个大，产量高，一级序果平均单果重42 g左右，最大果重可超100 g。植株旺健，抗病性强，叶片较大，色鲜绿，繁殖力高，可多次抽生花序，在日光温室中可以从12月下旬陆续多次开花结果至翌年7月。该品种适宜温室栽培，鲜食、加工兼可。

27. 章姬

日本静冈县农民育种家章弘先生以久能早生与女峰杂交育成的早熟品种。1992年在日本注册，1996年由辽宁省东港市草莓研究所引入我国。

果实整齐，呈长圆锥形，果肉淡红色、软多汁、味甜，可溶性固形物含量14%～17%。果实软、不耐运，摘采后也不适合存放过久。果实香气怡人，有一股奶油香味，俗称“奶油草莓”。主要栽培地区有山东、山西和陕西等地，近年来栽培面积有下降趋势。品种优点为育苗率较高、花芽分化早、产量稳定、有淡淡奶香味，缺点为果实软、抗病性一般。

28. 香野

香野又名隋珠，极早熟品种，于2010年在日本获得登记，是近年来我国栽培面积增长较快的品种。果实多为圆锥形或长圆锥形，平均单果重25 g，最大果重150 g，果面为红色，果肉橙红色，肉质脆嫩，香味浓郁，带蜂蜜味，可溶性固形物含量10%～18%，口感极佳。该品种抗性较强，对炭疽病、白粉病的抗性明显强于红颜，有望成为日光温室超促成和促成栽培的主栽品种。品种优点为抗病性强、植株健壮、花芽分化早、花序多；缺点为育苗率低、植株过旺、果形不正、有空心、易感红蜘蛛。

29. 天使 AE

天使 AE 是来自日本的白色草莓品种，英文名称 Angel Eight，又名天使 8。平均单果重 20 g，亩产 8 t 左右，口味浓甜无酸，果肉硬质优，适合长途运输，耐放。气温升高时其果色也不泛红，其他同时期白草莓品种可能已成粉红色。品种优点为育苗率高、抗病性强、果形周正、硬度大、口感香甜；缺点为植株矮小、果个较小。

30. 白雪公主

北京市农林科学院培育品种，株型小，生长势中等偏弱，果实较大，最大单果重可达 50 g。果实圆锥形，果面白色，果心白色，果实有空心现象，成熟种子红色。果实可溶性固形物含量 9%～11%。不同地区亩产 2～6 t 不等。品种优点为抗病性好、果形周正、口感甜；缺点为植株矮小、花芽分化晚、产量低。

31. 淡雪

佐贺穗香的变异品种，由日本奈良县果农研发而成，2019 年引入中国。果皮白色，果形很漂亮，隐隐透出淡淡的粉红色，香气扑鼻。果肉有层次，但肉质偏软，亩产 4 t 左右。品种优点为色泽亮丽、口感香甜；缺点为抗病性差、产量低、成熟期晚。

32. 黑珍珠

日本品种，2018 年引入中国。果实口感好，甜度高，果肉富有弹性。果面颜色深紫色，硬度高，耐贮运，产量较低。采摘时间可从 1 月中旬持续至 4 月。

33. 粉玉

杭州市农业科学院选育的浅色系草莓，植株生长势比较旺，抗病性强、花序比较粗壮，果实坐果率比较高，亩产量 8 t 左右。粉玉果实圆锥形，果面粉红色，果肉白色，紧实，有空心。品种优点为口感香甜、抗病性好、连续坐果能力强；缺点为果皮薄、不同地区表现差异大、易感红蜘蛛。

三、适于早熟与半促成栽培的品种

（一）早熟栽培

早熟栽培就是利用拱棚，在草莓植株满足低温休眠但外界环境条件还不具备使其正常生长发育的情况下，采取覆膜升温，使草莓植株提前开花结果的栽培方式。

1. 丰香

日本早熟品种。果实圆锥形，果面红色，果个大，一级序果平均单果重 15.5 g，最大果重 35 g，果整齐，外观极美。果实可溶性固形物含量 9.3%，果肉细，汁多，酸甜适中，香味浓，品质极佳。植株生长势强，叶片大、休眠浅，尤其适于日光温室栽培。北方可在 12 月采收鲜果上市，一般亩产可达 2.5～3 t。花期易受低温危害，抗白粉病弱，抗黄萎病中等。

2. 美 13

美国加州大学 20 世纪 90 年代育成品种。果面深红色，圆锥形，硬度好，口味甜酸，可溶性固形物含量 9%，一级序果平均重18 g，最大单果重 70 g。植株长势稳健，半开张，抗病力强，叶色深绿，叶片近圆形，有光泽，花梗粗壮，低于叶面。鲜食和深加工兼用品种，适宜温室和露地栽培。

3. 红珍珠

日本品种，由爱莓与丰香杂交育成，1999 年引入我国。果实圆锥形，果面艳红亮丽，种子略凹于果面，味香甜，可溶性固形物含量 8%～9%，果肉淡黄色，汁浓，较软。植株长势旺，株态开张，叶片肥大直立，匍匐茎抽生能力强，耐高温，抗病性中等。花序枝梗较粗，低于叶面。该品种休眠浅，适宜温室反季节栽培，注意预防白粉病。

4. 越心

浙江省农业科学院园艺研究所以优系 03－6－2（卡麦罗莎与章姬杂

交）为母本、幸香为父本杂交选育而成的早熟草莓新品种，2014 年 11 月通过浙江省非主要农作物品种审定委员会现场考察，定名为越心。

果实短圆锥形或球形，一级序果平均单果重 33.4 g，平均单果重 14.7 g。果面平整、浅红色、具光泽，髓心淡红色，无空洞。果实甜酸适口，风味甜香，总糖 12.4%，总酸 0.58%，维生素 C 含量0.76 mg/g，果实可溶性固形物含量 12.2%，平均硬度2.93 kg/cm²，在浙江省地区 11 月中下旬成熟。植株直立，生长势中等，叶片绿色，椭圆形，中抗炭疽病、灰霉病，感白粉病，每亩平均产量 2.47 t，适合设施栽培。

5. 宁露

江苏省农业科学院园艺研究所以幸香为母本、章姬为父本经杂交选育而成的设施草莓新品种，2011 年通过江苏省农作物品种审定委员会审定。

该品种极早熟，丰产，果实外观整齐漂亮，畸形果少。果实圆锥形，果面亮红色。果肉质细，风味甜，南京地区全年平均可溶性固形物含量 10.3%，硬度 1.68 kg/cm²。植株连续开花坐果性强，果大，平均单果重 17.7 g，平均株产 357 g，平均亩产 2.5 t，早期产量占有率为 40.88%。植株生长势强，半直立，抗热抗寒性强，育苗容易，冬季不易矮化，抗炭疽病、白粉病，适合我国大部分地区促成栽培。

6. 久香

上海市农业科学院林木果树研究所以久能早生为母本、以丰香为父本进行杂交，2007 年 11 月通过上海市农作物品种审定委员会审定。

果实圆锥形，较大，一、二级序果平均单果重 2.16 g。果形指数 1.37，果形整齐。果面橙红色，富有光泽，着色一致，表面平整。种子密度中等，分布均匀。种子着生微凹于果面，红色。果肉红色，髓心浅红色，无空洞。果肉细，质地脆硬，汁液中等，甜酸适度，香味浓。设施栽培条件下果实可溶性固形物含量 9.58%～12%，露地栽培条件下可溶性固形物含量 8.63%，可滴定酸含量 0.742%，维生素 C 含量 0.98 mg/g。

植株生长势强，株形紧凑。花序高于或平于叶面，每个花序有7～12朵花，每株有4～6个花序。两性花，花瓣6～8枚，一级花序顶花冠径约3.68 cm。匍匐茎4月中旬开始抽生，有分枝，抽生量多。根系较发达。在上海地区花芽形态分化期为9月下旬。设施栽培花前1个月内平均抽生叶片4.59枚，一级花序平均花数14.33朵，收获率6.17%，商品果率93.95%。一级花序现蕾期11月中下旬，始花期11月18日，盛花期12月2日。一级花序顶果成熟期1月上旬，商品果采收结束期5月中旬，商品果率均在82%以上，病果率仅0.41%～1.06%。该品种对白粉病和灰霉病的抗性均强于丰香，适宜于长江流域和冬暖草莓产区栽培，露地和设施栽培均可。

7. 硕香

江苏省农业科学院园艺研究所1987年以硕丰为母本、春香为父本杂交育成。果实圆锥形至短圆锥形，整齐度高，果型大，平均单果重18.5 g。果面较平整，深红色，光泽强。果肉深红色，肉质细，风味甜浓微酸，可溶性固形物含量10.5%～11%，维生素C含量0.69 mg/g。果实耐贮性能好，硬度高。植株长势强，株冠大，丰产性好，产量显著高于宝交早生品种，抗逆性强。该品种为早熟、鲜食、丰产、优质的露地及半促成栽培品种，宜在北部、中部草莓区栽培。

8. 宁玉

江苏省农业科学院园艺研究所以幸香与章姬杂交选育而成，为早熟抗病新品种，2010年11月通过江苏省农作物品种审定委员会审定。

果实圆锥形，畸形果少。果实整齐度好，一、二级序果平均单果重24.5 g，最大单果重52.9 g，果面红色，着色易，色泽鲜艳，光泽好，果面平整。果肉橙红色，髓心橙色，肉质细腻，硬度好，香气浓，风味甜，品质上等。果实可溶性固形物含量10.70%，总糖含量7.38%，可滴定酸含量0.52%，维生素C含量0.76 mg/g，硬度1.63 kg/cm^2，耐贮运。在江苏省南京市露地栽培，4月末至5月初果实成熟。在塑料大棚设施栽培，11月中旬果实采收上市。

株态半直立，植株生长势强。叶片椭圆形，绿色，匍匐茎抽生能力强。该品种适合江苏省草莓促成栽培区域种植和与之同类地区设施促成栽培。

9. 石莓1号

河北省农林科学院石家庄果树研究所1984年从引进的单系中选育而成的早熟品种，1990年通过专家审定委员会审定。

该品种果个大，平均单果重19.8 g，最大果重31 g。果实长圆锥形，果实整齐、美观。果面鲜红，有光泽，硬度大，果肉橘红色。果汁中多，酸甜适度，可溶性固形物含量9.3%。种子深红，陷入果面较深。果实耐贮性好。

植株生长势强，株冠较大，较直立，株高约31.3 cm。叶片长圆形，较厚，绿色，叶缘锯齿深，叶面光滑。叶柄长约19.25 cm，直径0.3～0.35 cm，浅绿色，绒毛较多。两性花，花序低或平于叶面，每株有花序5～8个，萼片小，平均每花序结果数6.18个。匍匐茎生长势强。平均每株抽生匍匐茎13.5个，每株可繁苗26株左右，繁殖力强。

（二）半促成栽培

1. 枥乙女

日本品种，亲本为久留米49号与枥峰，北京市农林科学院林果所最初引进。果实圆锥形略长，果面为鲜红色。一级序果平均单果重32 g，最大果重85 g，硬度大，耐运输。果肉细腻，口感香甜，基本无酸味，品质极佳。叶片匙形，植株根系发达，长势旺，抗旱、耐高温。匍匐茎抽生快、繁苗能力强，花芽分化较早。植株健壮，抗逆性强，病害轻，每亩平均产量可达3 t以上，属中早熟品种，适宜促成栽培。

2. 幸香

日本以丰香与爱莓杂交育成。果实长圆锥形，果形比丰香整齐，畸形果少。果实表面深红色，具有光泽，亮丽美观。果肉浅红色，细腻，味香甜，糖度比丰香高12%以上，维生素C含量比丰香高15%～30%。

果实硬度比丰香高30%，宜于完熟期收获。幸香一般平均单果重20 g，较大果重30 g，与丰香果重相近，耐运、耐贮，商品率高。

叶呈长圆形，与丰香相比叶色浓绿，叶片肥厚。植株半直立，叶柄长度和株高与丰香接近。植株根系发达，生长健壮，长势旺，种苗繁殖系数高。果柄长度适中，不需赤霉素处理。该品种授粉能力强，抗白粉病，适宜促成与半促成栽培。

3. 石莓8号

母本是高硬度优系455-3（童子1号与石莓4号杂交育出），父本是丰产、优质、抗病优系458-2（枥乙女与全明星杂交育出），母本和父本均来源于河北省农林科学院石家庄果树研究所自育优系。2013年12月通过河北省林木品种审定委员会审定。

果实圆锥形，果面鲜红色，光泽度强，果实去萼较易。一级序果平均单果重42.7 g，二级序果平均单果重23.6 g。果肉橘红色，质地密且细腻，香气浓，风味酸甜，可溶性固形物含量10.3%。果实硬度0.549 kg/cm^2，耐贮运性好，丰产性好，平均单株产量444.5 g。果实适宜鲜食及加工果汁、果酱，适宜露地及设施半促成栽培。

4. 石莓10号

河北省农林科学院石家庄果树研究所以美国品种甜查理为母本、全明星为父本进行杂交选育的品种，2013年通过河北省林木品种审定委员会审定。

果实圆锥形，无裂果，果面深红色，光泽度强，萼下着色良好。果面着色均匀，萼片平贴，萼心平，去萼容易。一、二级序果平均单果重26.0 g和14.7 g，整株平均单果重9.0 g，同一级序果果个均匀整齐。果肉颜色浓红，质地密，肉质细腻，纤维少，髓心小，无空洞，果汁中多。果实风味偏酸，香气浓，可溶性固形物含量8.6%，还原糖3.44%，可滴定酸0.9%，维生素C含量0.49 mg/g。果实硬度大，耐贮运性好，适宜速冻加工。植株生长势强，株态半开张，株高约24.0 cm，冠径约35.8 cm×34.4 cm，分枝多，3～5片复叶。每株平均出花序 5～8 个，单株产量 492.4 g 左右。

该品种抗叶斑病、革腐病，灰霉病、黑霉病、炭疽病、终极腐霉病等。在石家庄地区露地覆膜栽培，5 月初果实成熟。匍匐茎 4 月中旬发生。该品种适宜露地及设施半促成栽培。

5. 其他品种

达赛莱克特、全明星、新明星、草莓王子、红玫瑰、福莓 2 号、京醇香、冬香等品种同时适于露地栽培与设施半促成栽培，介绍同“适于露地栽培的草莓品种”。

四、适于延迟栽培的品种

1. 玛利亚

玛利亚又称卡尔特 1 号，西班牙品种。

果实短圆锥形或近圆球形，果个大，果实整齐，平均单果重32 g，最大果重 81 g。外观鲜红，有光泽，果肉橙红色，肉质细腻。浆果表面附着种子，种子黄色，较小，中多。果实酸甜适口，后味芳香。果实硬度中等，较耐贮运，室温下可存放 5 d，在 7 ℃条件下可贮藏 12 d。

植株健壮、生长势强，较开张，繁殖力中等。叶片大，叶厚，叶脉清晰，叶片椭圆形，叶托粉红色。植株抗性强，休眠期较长，为中晚熟品种，植株大，生长势强，株高约 30 cm，每株着生 2～4 个花序，每花序可坐果 3～9 个。该品种自花结实能力强，果形端正、整齐，花序坐果率 95%左右，配合授粉品种或人工辅助授粉效果更好。

2. 其他品种

宝交早生、达赛莱克特、盛冈 16 号等品种也适于延迟栽培，介绍同“适于露地栽培的草莓品种”。

五、适于加工的品种

1. 紫金1号

江苏省农业科学院园艺研究所以硕丰为母本、久留米为父本经杂交选育而成的鲜食加工兼用草莓新品种，2010年1月获得品种权。

果实短圆锥形，果面鲜红色，果肉和髓心红色或橙红色，平均单果重13.5 g，最大单果重25 g，单株产量197 g左右，果实纵径约4.57 cm，横径约4.08 cm，糖含量5.72%，酸含量0.67%，维生素C含量0.604 mg/g，果实硬度0.52 kg/cm^2，可溶性固形物含量超过9%，风味酸甜。在南京地区露地栽培时，5月上旬成熟，半促成栽培时，4月中旬成熟。

紫金1号果形整齐，果面成熟度一致，风味酸甜，耐贮运，丰产性好，抗逆和抗病能力较强，具有鲜食与加工兼用的特点，适宜我国大部分草莓产区露地栽培或半促成栽培。

2. 因都卡

荷兰品种。果实圆锥形，浓红发亮，果形整齐，外观较美。果肉致密，红色，髓心小，果汁较多，酸味浓，略带香味，含果胶较多。一级序果平均单果重18.3 g，最大单果重40 g。种子黄色，稍凸出果面，分布均匀。果实硬度大，耐贮藏。

植株生长健壮，较矮，株型紧凑。叶片较小，椭圆形，叶色浓绿。叶面光滑，绒毛少，托叶深绿色，单株有10～12片叶。该品种匍匐茎生长中等，每株可抽生3～4个匍匐茎，每株平均出苗5.3株。该品种适应性和抗病性都较强，为早熟、丰产品种，是优良的制汁、制罐加工品种，也适于鲜食。

3. 达思罗

法国中早熟品种，口感极佳，是鲜食及高档加工兼用品种。果实圆锥形，韧性强，耐贮藏。果面平整，深红色，有光泽。果肉全红，酸甜适口，香味浓郁，品质极佳，可溶性固形物含量9%～12%。单株有花序3～4个。一级序果平均单果重25 g，最大单果重60 g。休眠期较全明星品种短，较吐德拉品种长，比全明星品种早熟10～20 d，较丰香和吐德拉晚熟10～20 d。植株生长健壮，分枝力强。叶片中大，浅绿色。该品种适于露地、拱棚和温室半促成栽培。

4. 美国6号

美国中晚熟品种。果实长圆锥形，果个大，单果重一般为20～40 g。种子稍突出果面，中心稍空。肉质紧密，色鲜红，甜酸适度。产量高，单株结果可达10个以上，株产量为200～300 g。果实硬度大，耐贮运，抗病性强。露地栽培时，成熟期从4月末至6月下旬，长达两个月。植株矮壮，叶柄短粗，叶色浓绿。匍匐茎抽生晚。果实可分批采收。成熟果采摘后3～5 d，仍适宜加工。在运输途中不易破损，是优良的加工品种。

5. 戈雷拉

比利时品种，中国农业科学院作物品种资源研究所1979年引入我国，在我国种植面积较广。果实短圆锥形，果面红色有棱沟，有时果尖不着色。一级序果平均单果重15 g，最大果重34 g。种子大多为黄绿色，个别为红色，分布不匀，凸出果面或与果面平。萼片大，平贴或稍反卷。果肉致密，橙红色，较硬，可溶性固形物含量8%～9%，髓心稍空，味甜微酸，汁液红色。

植株生长直立紧凑，株型小，分枝力中等。叶片椭圆形，色深绿，托叶淡绿稍带粉红色。每株着生花序2个，每个花序有花7～8朵。花序梗斜生，低于或平于叶面。该品种抗逆性强，对根腐病和高温病、轮斑病均有抗性，休眠较深，为中晚熟品种，鲜食加工均宜，耐贮运。

6. 早美光

山东省果树研究所1997年从美国引进的极早熟品种。

果实短圆锥形，多数有果颈。果面平整，鲜红色，有光泽。平均单果重15.8 g，一级序果平均单果重21.2 g，最大单果重42.3 g。种子黄

绿色，分布均匀，与果面平或稍凸。果肉红色，质细，味浓，可溶性固形物含量 9.2%，总酸 0.68%，均高于全明星品种。成熟期比全明星品种早 20 d 左右，与丰香相同。果肉硬度大，耐贮运，是优良的鲜食、速冻及加工兼用型品种。

植株生长势强，直立紧凑。平均株高 37.6 cm，叶片椭圆形，叶面呈匙状，颜色黄绿，具光泽，叶柄长 24 cm 左右。平均每一单株有新茎 2 条、匍匐茎 2.8 条、花序 2.4 个。每个花序平均有花 6.4 朵。花序大部分低于叶面，花梗细而斜生。设施栽培时，平均每亩产量为 1.8 t。抗逆性强，对叶枯病、叶斑病、根腐病和黄萎病等病害均有极强抗性，可在多种土壤和气候条件下栽培。

7. 其他品种

星都 1 号、明磊、美 13、哈尼、森嘎拉品种介绍同“适于露地栽培的草莓品种”。

六、四季草莓品种

根据光周期反应和结果期的不同，一般将草莓栽培品种分为 3 个不同类型，即短日的一季型（5—6 月结果），长日的二季型和日中性连续结果型。连续结果型即四季草莓，全年能多次开花结果，是野生草莓的变种。

1. 冬花

中国药科大学从美国品种中经人工诱变选育的四季草莓品种。该品种无休眠期（无春化阶段）、果大、味甜、产量高。最大果重 50 g，似鸡蛋大小，每亩产量 1.5 t 以上。在南京地区露地栽培条件下，9 月定植，11 月底第一次开花结果，只要采取适当的保温措施，元旦春节期间均能采收果实，翌年 4 月第二次开花结果，在草莓正常结果期采收。

2. 三星

江苏省农业科学院园艺研究所自美国引入。果实为圆锥形，中等大小，平均单果重 12 g，最大果重 15 g。果面具光泽，美观漂亮，风味好品质佳。果实早熟，耐贮，丰产。在南京地区有三次采收期，分别为 4 月下旬至 5 月下旬、6 月上旬至 7 月中旬，7 月下旬至 8 月中旬，三次采收持续74 d，适于我国南方生长。

3. 赛娃

山东农业大学罗新书教授于 1997 年自美国引进的果个大、中日照四季草莓品种。该品种丰产稳产，平均单果重 31.2 g，最大单果重 138 g。单株周年累积产量 600～900 g，最高达 1 250 g。果肉味美，可溶性固形物含量 13.5%，最高 16.2%。该品种能四季开花结果，一年中中秋至深秋季节产量较多，品质最佳，温室和露地栽培均宜。

4. 美德莱特

山东农业大学罗新书教授 1997 年从加拿大引进的果个大、中日照草莓新品种。果实长圆锥形，果尖扁，果基部稍微凹陷。果实表面平滑，鲜红色，有光泽，极美观。果肉深橘红色，汁多，味浓香。一般单果重 30～40 g，最大单果重 87 g，味美，可溶性固形物含量 12.8%，最高达 16.3%，能四季开花结果。该品种丰产、稳产，抗性强，温室、露地栽培均宜。

5. 紫金四季

江苏省农业科学院园艺研究所以甜查理与林果杂交选育而成，为四季性品种。2011 年 11 月通过江苏省农作物品种审定委员会审定。

果实圆锥形，果面红色，光泽强，外观整齐。果基无颈，无种子带，种子分布稀且均匀。平均单果重 16.8 g，最大果重 48.3 g。果肉红色，髓心微有空隙，味酸甜浓。在南京地区设施促成栽培整个生产期平均可溶性固形物含量 10.4%，总糖 7.152%，可滴定酸 0.498%，维生素 C 0.697 mg/g，硬度 2.19 kg/cm^2。夏季结果期可溶性固形物含量 10.3%，硬度 2.36 kg/cm^2。该品种果大，丰产，每亩产量 2 t 以上。

植株半直立，长势强，在南京大棚栽培 1 月株高约 9.5 cm，冠径约 20.8 cm×22.7 cm。叶片黄绿色，叶面粗糙，厚，近圆形，叶片长约

7.5 cm，宽约 7.2 cm，叶柄长约 7.5 cm，叶柄、叶面绒毛多。花粉发芽力高，授粉均匀，坐果率高，畸形果少。平均花房长 10.3 cm，无分歧，直立粗壮，花序平或高于叶面，每花序 7～9 朵花。匍匐茎抽生能力弱。该品种耐热，抗炭疽病、白粉病、灰霉病等，适合我国长江流域及其以北地区设施促成栽培及夏季生产。

6. 3 公主

吉林省农业科学院果树研究所以公四莓 1 号作母本、硕丰作父本杂交选育的四季草莓新品种，2008 年通过吉林省农作物品种审定委员会审定。

一级序果楔形，平均单果重 23.3 g，最大单果重 39.0 g。二级序果圆锥形，平均单果重 15.1 g，果面红色。萼片中大，反卷，与髓心连接紧。种子黄色，平或微凸于果面。果肉红色，髓心较大，微有空隙，香气浓，风味酸甜，品质上等。露地栽培春、秋两季果实品质好，夏季果实品质和硬度差，可溶性固形物含量春季成熟果实为 10.00%、夏季成熟果实为 8.00%、秋季成熟果实为 15.00%，总糖含量 7.01%，总酸含量 2.71%，维生素 C 含量 0.913 mg/g。在吉林省长春地区，露地栽培果实 6 月中旬开始成熟，采收期可延续到 10 月上中旬。

7. 4 公主

吉林省农业科学院果树研究所以公四莓 1 号作母本、戈雷拉作父本杂交选育的四季草莓新品种，2014 年通过吉林省农作物品种审定委员会审定。

一级序果楔形或圆锥形，二级序果圆锥形，平均单果重 17.2 g，最大单果重 41.3 g。果面红色，光滑，髓心小，有空隙，空隙与髓心连接紧。种子平或微凹。果肉橘红色，果实硬度春季中等、秋季较硬，有香气，风味甜酸，品质上等，可溶性固形物含量 9.20%，总糖含量 8.31%，维生素 C 含量 0.446 mg/g。在吉林省公主岭地区，露地栽培 6 月中下旬果实成熟，以后连续开花结果，采收期可延续到 10 月中下旬。

8. 永丽

沈阳农业大学园艺学院以枥乙女为母本、06－J－02为父本杂交选育出的四季型草莓新品种，2014年3月通过辽宁省非主要农作物品种备案委员会备案。

果实圆锥形或短圆锥形，果面鲜红色，有光泽，香味浓郁。春季平均单果重20.4 g，夏秋季平均单果重15.2 g。春季果实可溶性固形物含量9.2%，总糖含量7.6%，总酸含量0.5%，维生素C含量0.55 mg/g，果面硬度约1.38 kg/cm^2。夏秋季果实可溶性固形物含量10.4%，总糖含量8.6%，总酸含量0.9%，维生素C含量0.58 mg/g，果面硬度约0.92 kg/cm^2。

该品种具有优良的四季结果特性，抽生匍匐茎能力较强，抗灰霉病及炭疽病等土传病害，果实对白粉病中等敏感，具有很强的四季结果特性，适合在沈阳地区和沈阳以北地区，以及立地条件相近区域进行塑料大棚夏秋栽培或露地栽培。

9. 公四莓1号

吉林省农业科学院果树研究所以母托为母本、小实为父本杂交培育而成。

一、二级序果平均单果重12 g，一级序果平均单果重23.3 g，最大果重36 g。一级序果短楔形，果面具数条深沟，深红色，有光泽。二级序果圆锥形，果面无深沟，果肉边缘红色，髓心白色，较大，微有空隙，春季果肉较软，微有香气，秋季果肉较硬，富有香气，可溶性固形物含量春季8%、夏季7%、秋季12%～14%。果实味甜酸，品质中上等。

匍匐茎抽生能力强，分茎能力中等。萌芽期4月5日左右，第一个花期5月11日左右，以后连续开花结果。采收期露地6月中下旬至10月末。单株全年平均产量350 g，平均亩产1.25 t。该品种既可露地栽培，又可设施栽培。

10. 长虹2号

沈阳农业大学选育，中熟品种。果实圆锥形，一级序果平均单果重20.5 g，最大果重48 g。果面平整，有光泽，果皮薄，种子微凸出果面，果大，汁多，味酸甜，香味浓，硬度大，耐贮运，可溶性固形物含量8.2%。植株生长势中等，叶椭圆形，深绿色，花序低于叶面，两性花。该品种产量高，春秋两季合计亩产1.17 t左右，抗旱、抗寒、抗病和抗晚霜能力都较强。

七、红花草莓品种

红花草莓是利用开白花的草莓与开红花的委陵菜进行属间杂交得到的开粉色或红色花的草莓杂种，其红花、红果、绿叶、红蔓，色彩鲜明，极具观赏性和开发价值，可用作园林绿化和盆栽观赏。红花草莓一季或四季开花，花色艳丽、叶色浓绿、生长茂密、覆盖性强、繁殖容易、养护管理简便、观赏价值高，可以作为地被、装饰花坛或花镜。红花草莓还可观花、观叶、观果，花期长，能达到迅速绿化美化效果，且果实还可鲜食。在栽培其他草莓品种过程中，偶见植株上出现部分带红晕的花瓣，这种现象是由于低温或感病引起的，与由属间杂交得到整合红花基因的红花草莓品种在遗传上有本质的不同。

世界上第一个红花草莓品种粉红熊猫是由英国的Ellis于1989年培育的，其96%遗传物质来自草莓，花为粉红色，具四季开花性。目前常见的红花草莓品种还有口红、小夜曲、玫瑰林、玫瑰果，野马、崔斯坦、罗曼、碧甘，罗萨那、粉豹、玫瑰王、粉佳人和俏佳人等。

第三章 建园与种植模式

一、露地栽培

露地栽培是草莓最基本的一种栽培方式，不需要任何保护升温设施，在田间自然条件下可正常生长发育、开花结果。在秋季定植草莓苗，当年完成花芽分化，越冬后翌年5—6月采收上市。其优点是栽培容易、管理简单、成本低、产出的草莓风味好、硬度大、耐贮运，可与其他作物进行间作、套种和轮作，可大面积规模经营。但露地栽培容易受外界环境的影响，如低温、倒春寒、高温多雨、夏季干旱等都会对露地草莓生产造成危害，而且上市时间不易控制，只能通过品种成熟期早晚进行调控，并且由于上市集中，如果大面积栽培须有足够的销售能力或者速冻加工条件等作为保障。

（一）地块要求

园地选择时，应选择地势平坦、地面平整、排水灌溉方便、光照充足的地块；对地块周围环境要求较为严格，要求园地周围2 km范围内没有化工厂、造纸厂、农药厂等污染源；为了防止汽车尾气、灰尘等污染，需距主要交通干道100 m以上，但要有便利的交通道路，以方便果实、农具等运输。园地土壤、大气和灌溉用水的质量要符合国家规定的生产基地的环境质量标准。

（二）土质要求

草莓生产对土质要求相对较高，要求土壤质地疏松、肥沃，有机质含量在1.5%以上，最好2%以上，保水保肥能力强，透气性好，地下

水位在 80 cm 以下，土壤 pH 在 5.8～8.0。若有机肥充足，灌水方便，在沙质土壤上也可以建园，沙质土壤种植的草莓果实着色好，含糖量高，成熟期可提早 4～5 d。

（三）茬口要求

草莓生产要尽量避免前茬残留的病虫害，最好不要选择重茬地，重茬地种植其他作物 3 年以上可以有效减轻重茬危害，对于其他作物也有一定的要求，前茬以种植蔬菜、豆类、瓜类、小麦、牧草为宜。在前茬作物收割以后，要全面整理地块，清除病源与害虫，并对地块进行高温晾晒消毒。

（四）良种配套

选择园区以后，进行良种配套，根据不同的地区、地势、栽培目的及市场需求等，选择优质、丰产、适应性及抗病虫害能力较强的草莓品种。北方较寒冷的地区，选择需冷量大的品种，花期不易受晚霜危害。南方地区，应选择需冷量较小、可以满足休眠条件、能忍受夏季高温干旱的早熟品种，否则会因冬季需冷量不足而出现不能正常解除休眠的现象，影响植株的正常生长发育。

不同地势也要选择不同的品种。地势低洼的地方，易积聚冷空气，早熟品种因解除休眠早，开始生长的时间早，抗低温能力下降，易遭受冻害或冷害。所以在地势低洼的地方要栽培抗低温能力较强、能抗花期晚霜危害的晚熟品种，地势较高的地块可选用早熟品种。

依据栽培目的，鲜食、加工及兼用型品种各有不同要求。鲜食品种要求果大、整齐、外观美、耐贮运、品质优。加工品种要适应各加工品类的基本要求，如果冻、果汁、果茶要求酸甜适口，果酒要求糖度高，果醋要求酸度高。

休眠浅的品种适于促成栽培及暖地露地栽培，休眠深的品种适于半促成栽培及寒地露地栽培。保温效果好的保护设施如日光温室，应利用休眠浅或较浅的品种进行促成栽培，保温效果差的保护设施如简易拱棚，应利用休眠深的品种进行半促成栽培。草莓品种更新快，市场更新换代迅速，生产者可根据市场需求有目的地选择品种。

草莓品种大多具有自花结实能力，但自花结实果个较小，品质较差，产量较低，因此确定主栽品种后，还应配置2～3个授粉品种。一般主栽品种与授粉品种的栽培面积可按7∶3的比例配植。为了方便管理，同一品种要集中栽培，但授粉品种与主栽品种的距离不应超过25 m。授粉品种与主栽品种应该花期一致，并且由于授粉品种栽培面积也不小，应该考虑授粉品种的生产特性，最好早、中、晚熟品种搭配，以缓解销售压力，延长鲜果供应期。

（五）露地栽培技术

1. 定植时期

草莓的定植时期要根据不同地区的气候、环境条件、茬口以及生产目的和生产条件而定，同时还要考虑秧苗的生长状况。一般情况下秧苗营养生长旺盛，新根多，栽后草莓有较长的生长发育时间时，定植成活率高。目前生产上主要有春季定植和秋季定植两个时期。

① 春季定植多在土壤解冻，温度回升后进行。一般在3月中下旬至4月上旬，由于定植以后需要缓苗，所以春季定植一般当年生长状况受到影响，所以生产上多以秋季定植为主。

② 秋季定植不用贮藏秧苗，可以起苗后马上定植，节省了秧苗生产成本，而且秧苗供应充足，气候温暖，空气相对湿度较大，土壤含水量高，成活率高，栽后缓苗快，秧苗生长期长，发育好。草莓定植的适宜气温为15～20 ℃，适宜土壤温度为15～17 ℃。山东省一般在8月中旬至9月中旬定植为宜。

秋季定植时间的选择对草莓的成活率，以及秧苗栽后的生长发育影响很大。实践证明，秋季适当提早定植，能充分利用秋季的有利气候以及秋季发根高峰，对秧苗的成活、发根、冬前形成壮苗均有利。但若定

植过早，气温高，水分蒸腾量大，成活率低。秋季定植过晚，地温下降至 15 ℃以下时很难发生新根，虽然秧苗缓苗期短，成活率高，但因栽后温度的迅速下降，草莓营养生长期短，越冬前由于营养生长不足，不能形成壮苗，影响下年的产量。

2. 土壤准备

尽量不选连作地，若是连作地，在草莓采后需首先彻底清除草莓秧苗和杂草，地面撒施足够的经过充分腐熟的优质有机肥和一定比例的氮磷钾三元复合肥，然后进行深翻，深翻深度一般为 30～40 cm，以加深根系活动的有效土层，改良土壤。

对于非连作地，在草莓定植前要清除地上杂草，施入足够的优质有机肥和一定比例的化肥作为底肥，增加土壤有机质含量，提高土壤孔隙度，改善土壤透性和保水保肥能力，提高土壤肥力，以满足草莓生长结果对养分的需要。一般每亩需要撒施腐熟的优质有机肥 5 000 kg，配合施用尿素 6.5 kg、过磷酸钙 50 kg、硫酸钾 8 kg，或氮磷钾三元复合肥 50 kg。然后进行深翻，深度一般为 30～40 cm，以促进土壤熟化，再根据定植方式整地做畦。整地质量要高，要求无大的土块，沉实平整，以免定植后浇水引起秧苗下陷，影响成活。翻耕时间宜早，最好伏前晒垡，使土壤熟化。

3. 土壤消毒

连作情况下在草莓定植前应进行土壤消毒，以杀死土壤中有害微生物，防止病虫害发生。应该尽量采用物理方法进行消毒，通常采用轮作或太阳能等方法进行土壤消毒。

（1）轮作。在草莓采收后及时种植一些如水稻、玉米、高粱等禾本科作物，当作物长到一定高度时刈青，将其秸秆压入土中，既可克服病害滋生，又可培肥土壤，提高土壤有机质含量，改良土壤结构和质地。在种植水稻的地区，利用夏季种水稻，水旱轮作，可以改变土壤微生物环境，能够有效地抑制病虫害发生，消除某种无机盐浓度障碍。

（2）太阳能消毒。在 7—8 月高温休闲季节，先对地上杂草杂物进行清理，将土壤或苗床土翻耕 30～40 cm 后覆盖地膜 20 d 以上，利用太阳能高温晒土的方法灭菌。

（3）改良太阳能消毒。在 7—8 月高温休闲季节，清理地面的杂草杂物，每亩苗床或棚室土壤表面撒施石灰 100～150 kg，炉渣粉 72～96 kg，炒至黄褐色的稻壳 10～12 kg，麦糠或切碎的麦秸 250～300 kg，腐熟的有机肥 1 000 kg，翻地后将地边起垄，垄高 0.5 m 高。为保温不漏气，整块地覆盖塑料薄膜，只留下灌水孔，然后向膜下土壤灌水，至土壤表面不再渗水为止，目的是使土壤处于缺氧状态，有利于消灭危害草莓生长的病虫害。一次注水后不再注水。太阳能可使温度达到 48 ℃以上，甚至高达 60 ℃以上，持续 15～20 d。这种方法能有效杀死多种病原菌和线虫。

4. 起垄作畦

土壤消毒以后，即可按照定植方式培垄作畦。生产上常见的草莓定植方式有两种。

（1）平畦定植。一般畦长 10～20 m，畦宽 1.2～1.5 m，畦埂高 15 cm，畦埂宽 20 cm 左右。平畦的优点是便于灌水、中耕、追肥和防寒覆盖等田间作业；缺点是畦不易整平，灌水不匀，果实易被水淹而霉烂，因其局部地段湿度过大，通风条件差，果实品质会受到影响。平畦定植适宜北方地区。

（2）高垄定植。垄高一般为 30 cm，宽 45～50 cm，垄沟宽 30 cm。高垄栽培的优点是排灌方便，能保持土壤疏松，通风透光，果实着色好，质量高，不易被泥土污染和霉烂，也便于地膜覆盖和垫果，高垄栽培同样适宜温室、大棚采用；缺点是易受风害和冻害，有时会出现水分供应不足的情况。整地作畦后，应灌一次小水，适当镇压，使土壤沉实，以免定植后浇水时植株下陷，埋没苗心，影响成活。高垄定植较适宜南方地区。

5. 秧苗准备

草莓定植前对秧苗进行严格的挑选，选择有较多新根、无病虫害、

根颈粗度 1 cm 以上、具有 4 片以上的正常叶、叶柄短粗、顶芽饱满的壮苗进行定植。暂时不能定植时，应首先摘除植株上的部分老叶，去除黑色的老根，减少叶面积，降低植株的水分蒸发，并选择阴凉处，地面铺一层湿沙，将草莓苗直立放在上面，严防太阳直射。

6. 定植

草莓的定植形式可分为定株定植、地毯式定植、垄沟定植、方形丛状定植或双行、三行带状定植等。目前生产上应用较多的是定株定植和地毯式定植、垄沟定植等。

定株定植是按一定的株行距进行定植。在平畦定植时，按行距 50 cm，株距 20 cm，6 600 株/亩进行定植。如果采用高垄定植，一般每垄栽 2 行，行距为 20～25 cm，株距 15～20 cm，6 600～10 000 株/亩。多年一栽制草莓园在栽后第一年果实成熟前随时摘除所有的匍匐茎，以节约营养，促进果实生长，提高果实品质。果实采收后，保留老株，去除长出的匍匐茎。翌年结果后去除所有老株，按一定株行距选留健壮的新株，换苗不换地，可保持相对稳定的产量，缩短更新时间。但该定植方式用苗量大，去除匍匐茎用工时较多。

地毯式定植多用于多年一栽植的平畦定植。在定植时按较大的株行距进行定植，让植株长出的匍匐茎在株行间扎根生长，直到均匀布满整个畦面。长到畦埂外的匍匐茎及时去除，形成带状地毯。这种方法适用于秧苗不足，劳力少的情况。因苗量不足，当年产量较低，翌年可获得丰产。

垄沟定植由于高垄栽培土壤通气性好，果实在垄两侧光照充足，着色好，不易烂果，并有利于覆膜、垫果、土壤增温等。目前该栽培方式日益增多，一般采用大垄双行的定植方式，垄宽 40～60 cm，垄高 20～30 cm，垄沟宽 30～40 cm，垄沟为灌水沟、排水沟兼人行道。

草莓定植要注意以下几点。

（1）定植密度。定植密度与定植方式、栽培制度、土壤肥力、品种特点以及管理水平有密切的关系。一年一栽制株行距宜小，多年一栽制，株行距宜大。株型小的品种，定植时间较晚；肥力差的地块，密度可大些。地毯式定植，定植时间较早，土壤肥力较高的地块应适当稀植。同一品种的定植密度在一定范围内与产量成正相关。但如果定植密度过大，植株生长郁闭，通风透光不良，果个小，产量低，品质差，病虫害加重，果实容易腐烂。目前，生产上常用的定植密度为每亩 6 000～8 000 株，利用假植技术培育的壮苗进行定植时，以每亩5 000～6 000 株为宜。

(2) 定植方向。栽苗时应注意草莓苗的弓形新茎方向，草莓的花序从新茎上伸出有一定的规律性。通常新茎略呈弓形，而花序是从弓背方向伸出。为了便于垫果和采收，应使每株抽出的花序均在同一方向，因此栽苗时应将新茎的弓背朝固定的方向。平畦定植时，边行植株花序方向应朝向畦里，避免花序伸到畦埂上影响作业。

(3) 定植深度。草莓定植时，要注意草莓的定植深度，过深过浅都会影响草莓成活率。定植过深，土壤埋住苗心，容易造成秧苗腐烂；定植过浅，根茎外露，不易产生新根，秧苗容易死亡。合理的定植深度应该是苗心的根茎部与畦面平齐，做到“深不埋心，浅不露根”。

(4) 操作方法。根据植株大小挖穴，将根舒展置于穴内，然后填入细土，压实，然后轻轻提一下苗，使根系与土紧密结合，并避免窝根，栽后立即浇 1 次定根水。浇水后如果出现露根或淤心的植株以及不符合花序预定伸出方向的植株，应及时调整或重新定植，漏栽的及时进行补栽。

二、设施栽培

根据草莓植株定植后的保温方式，草莓设施栽培可分为促成栽培、半促成栽培、早熟栽培、冷藏抑制栽培、无土栽培等。

(一) 促成栽培

促成栽培是指选用休眠较浅的品种，通过温室保温、辅之赤霉素处

理和人工延长光照等措施促进花芽提前分化，定植后直接保温，防止植株进入休眠，促进植物生长发育和开花结果，使草莓鲜果提早上市的栽培方式。促成栽培是草莓设施栽培中果实成熟上市最早的一种栽培形式。通过采用促进花芽分化和抑制休眠的技术，温室促成栽培的草莓果实成熟期可提早到 11 月下旬至 12 月上旬，采收期长达 4～6 个月。可以供应春节市场，其经济效益远远高于露地栽培。

草莓促成栽培是利用日光温室或塑料大棚等保护设施进行栽培。在北方寒冷地区，应该采用不加温或具有加温设备的日光温室，由于北方冬季经常遇到连续阴雨天气，所以最好使用高效节能日光温室。南方冬季不太寒冷的地区，为了降低成本可采用塑料大棚进行栽培，如果为了延长设施使用年限，也可以采用日光温室。由于促成栽培正值冬季最寒冷的季节进行温室生产，与露地及半促成栽培相比，需要改变的环境条件更多，如温度、光照、湿度等，栽培管理技术更为复杂，因此，必须采用相应的标准化配套管理技术。

1. 品种选择与定植

促成栽培的草莓品种要选择休眠性浅、抗病性强、生长旺盛、花芽分化早、耐寒性好、不易矮化、花粉多而生活能力强，并且果实大小整齐、畸形果少、产量高、品质好的品种，目前适于促成栽培的优良品种有丰香、丽红、明宝、童子 1 号、吐德拉、草莓王子、宝交早生等。此外在品种选择时应该根据当地实际条件与市场需要进行。育苗时选用在专用育苗圃中培育的无病毒优质壮苗。秧苗根系发达，一级根量在 25 条以上，叶柄粗短，长 15 cm 左右，粗3 mm左右，具成龄叶 5～7 片，新茎粗 1 cm 以上，苗重 30 g 以上，花芽分化早、发育好，无病虫害。

草莓定植前要严格进行土壤消毒、整地施基肥。定植时期与当地的气候条件有很大关系，一般南方温暖地区可在 9 月中旬至 10 月上旬定植，北方地区应在 9 月上旬定植。定植一般以自然气温 15～17 ℃、地温 20 ℃左右为宜，不可过晚，过晚距休眠期较近，不利于缓苗后的生长。定植可以采用大垄双行的定植方式，一般垄台高 30～40 cm，上宽

50～60 cm，下宽 70～80 cm，垄沟宽 20 cm，株距 15～18 cm，小行距 25～35 cm，每亩定植 7 000～9 000 株。注意定植深度要适宜，要定向定植，草莓茎的弓背朝向畦面的两侧，将来果实吊在畦两侧的坡上，利于通风透光，减少果实病害，提高果实品质，并便于采收。

2. 保温与保湿

适期保温是草莓促成栽培的关键技术，保温过早，花芽分化发育不充分，产量下降；保温过晚，一旦植株进入休眠，则很难打破，会造成植株严重矮化，果个小，产量低。适宜的保温开始期，应根据休眠开始期和腋花芽分化状况而定，应掌握在休眠之前，腋花芽分化之后保温，靠近顶花芽的第一腋花芽，一般是在顶花芽分化后 1 个月进行分化。因此，在顶花芽开始分化后 30 d 左右开始覆地膜保温较为适宜，北方为 10 月中旬，南方为 10 月下旬至 11 月初。北方日光温室扣棚膜是在外界最低气温降到 8～10 ℃的时候。南方塑料大棚扣棚膜是在平均气温降到 17 ℃的时候，开始扣棚膜保温为宜。促成栽培日光温室保温用膜，最好用透光性好的聚氯乙烯长寿无滴膜，以增加温室内的光照度。草莓生产上主要采用无色透明膜和黑色地膜等，普遍使用的地膜主要是高压低密度的聚乙烯薄膜，通常厚度为 0.008～0.015 mm。

草莓各生育时期对温度的要求不同，应按其要求调控温室内温度。扣棚膜保温初期为了把即将进入休眠的植株唤醒，使之进行正常生长和促进花芽的发育，应给予较高的温度。温度白天控制在 28～30 ℃，超过 30 ℃要开始通风换气，夜间保持 12～15 ℃，最低不低于 8 ℃。现蕾期白天应保持在 25～28 ℃，夜间保持在 10～12 ℃，夜温不能高于 13 ℃。草莓开花期对温度要求较严格，根据开花和授粉对温度的要求，白天要保持在 23～25 ℃，夜间 8～10 ℃。果实膨大期白天温度控制在 20～25 ℃，夜间以 5～8 ℃比较适宜。果实采收期白天控制在 20～22 ℃，夜间 5～8 ℃。温度调节主要靠放风和揭盖草苫来进行控制。

扣棚膜保温后，大棚内温度较高，草莓对水分的需求量很大，通常每隔 3～5 d 需灌溉 1 次，冬季最少 7 d 灌溉 1 次，每次需灌透土层 30～

40 cm深，使土壤长期保持湿润，以“湿而不涝、干而不旱”为原则。灌溉后要重新将地膜覆上，以保持土壤水分，降低棚内空气相对湿度。最好采用膜下滴灌。大棚扣棚膜保温后空气相对湿度通常达 90%以上，在开花期间易引起授粉受精不良，产生畸形果，且坐果率下降，而在果实的采收期果实易发生灰霉病而引起大量烂果。不同生育时期对湿度的要求不同，现蕾期 60%～80%，开花期 30%～50%，果实成熟期 60%～70%。要结合温度管理加以放风，来降低空气相对湿度，同时可实施全园覆地膜或垄沟内覆草。在日光温室前屋面顶部，每隔 3～4 m 在膜上开一个直径 20～25 cm 的洞，再做一个直径稍大的塑料软筒，将筒的一个口与塑料薄膜开口相黏合，软筒另一端口用铅丝圈撑圆。放风时用竹竿把塑料筒顶成一个直立的烟囱形，停止放风时旋转塑料软筒后放在屋顶，撤掉竹竿即可。

3. 植株管理

草莓促成栽培在温室保温后，植株逐步开始生长，会发生较多的侧芽和部分匍匐茎，特别是某些容易发生侧芽的品种。这时，应该及时摘除侧芽、匍匐茎，同时摘除下部老叶、黄叶和病叶，并将摘除的侧芽、匍匐茎、老病叶及时清除出温室，并集中销毁。为了保证花芽质量，提高果实品质，一般除主芽外，再保留 2～3 个侧芽，其余生于植株外侧的小芽全部摘除。草莓促成栽培采果时间比半促成栽培长，顶花序一般至翌年 2 月底或 3 月初采果结束，这时要及时掰掉花茎，一级和二级花序一般于 3 月下旬或 4 月上旬采收结束，为促进新花序的抽生，应及时掰除老花茎。

植株开花过多，消耗营养，使果实变小，为获得较高品质的果实，应采取疏花疏果的措施，把高级次小花去除，以集中养分促成留着的果实变大、增重。每个植株保留多少果实，根据品种的结果能力和植株的健壮程度而定。一般一级花序保留 6～10 个果，二、三级花序保留6～8 个果。这样把高级次的小花小果及部分畸形果摘除掉，并随时把病果摘除带出室外。

4. 补光

在促成栽培中，除了通过保温使草莓不进入休眠，还可用人工补光给予长日照条件，人为地抑制草莓进入休眠状态，促进植株生长发育良好，确保叶面积，以促进提早开花结果。一般在保温以后不久，即11月中旬开始补光。每亩安装100 W白炽灯40～50个，高度距离地面1.5 m，每天在日落后补光3～4 h，也可从凌晨2时开始到早上8时结束。还可采用间歇补光的方法，即在20—22时和0—2时共间歇补光4 h，这样能节省电费，总产量相差不大。目前也有温室补光专用的温室补光灯，效果更好。人工补光是草莓促成栽培的一种效果很好的辅助手段，对促进植株旺盛生长，增大果个极为有效。

5. 蜜蜂授粉

为提高坐果率，目前除采用选择育性高、花粉量大的品种和花期保持适宜授粉受精的温度、湿度等措施外，最简便有效的措施就是在温室内放养蜜蜂。据试验，温室内放蜂可提高坐果率15.6%，明显提高产量，增产30.0%～58.1%，畸形果减少80%。在草莓开花前1周将蜂箱放入温室内，以使蜜蜂能更好地熟悉适应温室内的环境。一般每半亩的日光温室放1～2箱蜜蜂，保证每株草莓都有一只以上的蜜蜂为其授粉。蜂箱放在温室的中间部位，白天要注意放风排湿。放风时要在放风口处罩上纱网，防止蜜蜂飞出。在打药或者使用烟熏剂防治草莓病虫害时，施药前要关闭蜂箱口，将蜂箱暂时搬到室外，隔3～4 d后再搬进室内，以免因施药造成蜜蜂大量死亡。蜂箱刚放入温室时，由于草莓花开得较少，花蜜少不能满足蜜蜂的正常生活需要，此期要加强饲喂，可将白糖水与清水按1∶1混合后熬制，冷却后饲喂蜜蜂。

6. 施用 CO_2

我国在20世纪70年代末开始推广 CO_2 气体施肥技术，目前已在一些地区的温室大棚生产中广泛应用。草莓 CO_2 施肥浓度依品种、光照度、温度和肥水等情况而定，一般接近 CO_2 饱和点的浓度是最适合的。但考虑到成本与效益的关系，过高的浓度即使略有增产，意义也不

大。目前日本、美国、欧洲诸国多以 1 000 μL/L 作为施肥标准进行 CO_2 施肥。对草莓的研究结果表明，随着 CO_2 浓度增加，草莓光合速率增强，当 CO_2 浓度为 1 000 μL/L 时，光合速率达最大值。近年来，日本多将冬季促成栽培草莓 CO_2 施肥浓度定在 750～1 000 μL/L，3 月以后随着换气量增大，CO_2 损失增加，施肥浓度最好下调至 500 μL/L。

草莓促成栽培的寒冬季，CO_2 气体施肥应在冬季晴天的午前进行，施肥时间为 2～3 h，如果用 CO_2 发生器作为 CO_2 肥源，施肥时间还应适当提前，在揭草苫后半小时达到所要求的 CO_2 浓度。中午如果要通风，应在通风前半小时停止施肥。促成栽培草莓采收期为 12 月至翌年 3 月，植株结果最多的时期正是日光温室不放风或少放风的季节。一般 11 月施用 CO_2，翌年 2 月开始采用。日光温室草莓盖膜保温后，植株恢复生长，待长出 2～3 片新叶时，施用 CO_2 为好。

常见的 CO_2 施用方法如下。

（1）有机物发酵法。有机肥施入土壤里分解时释放出大量 CO_2。如果每亩施用秸秆堆肥 3 000 kg，则可在 1 个月内平均使温室内 CO_2 浓度达到 700 μL/L 左右，利用增施有机肥提高日光温室内 CO_2 含量，有一举数得之利。主要不足是这种方法 CO_2 释放量和速度一直平稳，在草莓光合作用旺盛期不能很快达到高峰，有一定局限性。

（2）CO_2 发生剂法。利用物质间的化学反应产生 CO_2。常用的方法有盐酸-石灰石法、硫酸-石灰石法、碳酸氢铵-硫酸法。其中碳酸氢铵-硫酸法取材方便，成本低，应用较多。应用时硫酸应稀释成稀硫酸使用，目前市面上已有成套装置销售。在反应后的残液中，加入过量的碳酸氢铵中和掉残液中的硫酸，即成为硫酸铵，稀释 50 倍后可作为追肥施用。

注意事项：需要放风降温时，应在放风前 0.5～1 h 停止施用 CO_2，否则将会影响提高室内 CO_2 的浓度。寒流期、阴雨天和雪天一般不施或降低施用浓度，晴天宜在上午施，阴天宜在中午前后施。增施 CO_2 后，草莓生长量大，发育速度快，应增施磷钾肥，适当控制氮肥用量，防止徒长。施放 CO_2 要自始至终，才能达到持续增产效果，一旦停止施放，草莓会提前老化，产量显著下降。应逐渐降低 CO_2 施放浓度，缩短施放时间，直到停止施放，让草莓得以适应环境条件。硫酸有腐蚀作用，操作时应小心，防止滴到皮肤、衣物上。如洒到皮肤上，应及时清洗，涂抹小苏打。在使用高浓度的碳酸氢铵时要防止氨气中毒。

（二）半促成栽培

半促成栽培是选用深休眠或休眠中等的品种，当植株生长至基本通过生理休眠，还处于休眠觉醒期时，开始在设施内保温，并给予促进解除休眠的措施，如利用高温、光照、赤霉素处理等方法，这样植株就能正常生长和开花结果。打破植株休眠的方法，可以利用自然界冬季的低温，也可以采取低温冷库处理秧苗，栽后辅以电灯补光和赤霉素处理。品种不同，休眠期长短差异很大，所以开始保温的具体日期要根据选用品种打破休眠要求的低温累积时间而定，另外还需考虑设施的性能与结构。一般大约在 12 月中下旬开始保温。半促成栽培所用设施，北方多为普通日光温室、塑料薄膜大中拱棚，南方多采用塑料薄膜大中拱棚。半促成栽培最关键的是要掌握好保温适期，保证足够的低温累积时间。

1. 品种选择与定植

由于草莓不同品种通过休眠所需要的低温量不同，所以，不同地区应该根据当地气候条件等选用适宜的品种。南方冬季温度较高，应选择低温需求量少的浅休眠品种，如丰香、丽红、鬼怒甘等。而一些低温需求量较多的品种，如全明星、新明星、哈尼、宝交早生、吐德拉等适合在我国北方地区进行半促成栽培。

由于半促成栽培是在低温、短日照的寒冷季节促进植株生长发育，并使植株连续开花、结果且果实采收早、产量高，因此定植时要选用优质壮苗，最好采用脱毒苗。优质壮苗的标准为：根系发达，一级根 20 条以上；叶柄粗短，长 15 cm 左右，粗 2～3 mm；成龄叶 4～7 片；新

茎粗 0.8 cm 以上，苗重 12～20 g、无病虫害。所以在定植前园地应施入充足的有机肥，一般每亩施腐熟优质有机肥 5 000 kg，氮磷钾三元复合肥 50 kg，施肥后进行翻耕，整平做成高垄准备定植。根据花芽分化情况，降温、保温时间以及当地气候决定定植时间，一般南方定植时期为 10 月中旬，北方一般为 8 月中旬至 9 月中旬。草莓半促成栽培一般采用高垄栽培，垄高 20 cm，垄面宽 50～60 cm，沟宽 40 cm，定植时每垄栽 2 行，株距 15～20 cm，每亩栽苗 6 600～10 000 株即可，过密会使空间拥挤，造成果品质量下降，增加病虫害发生概率，过低则降低产量。

草莓定植苗缓苗后开始生长，这个过程的管理非常重要。半促成栽培草莓花芽不需要分化过早，为了适当延缓花芽分化，促进秧苗健壮生长，这时应追施 1 次氮肥或叶面喷施 0.3%～0.5%尿素。立冬以后，11 月中旬应追第二次肥，每亩追施氮磷钾三元复合肥 10 kg。可开沟追肥，也可制成 0.2%的肥液，顺畦面浇施（如果规模化生产可以配套水肥一体化设施，在浇水的过程中即可施肥）。结合施肥要进行灌水，11 月下旬土壤封冻前浇封冻水。另外，田间管理还要清除田间杂草，摘除老叶、病叶，摘除匍匐茎，掰除多余的侧芽，每株只留2～3 个发育充实的侧芽即可。对于埋土过深或因浇水淤心的秧苗要及时将苗心清理出来，以防芽枯病的发生。

2. 保温与保湿

草莓半促成栽培开始扣棚膜的时期，主要根据当地的自然条件和品种的休眠特性而定。休眠浅、低温需求量低的品种，解除休眠的时间早，可以早扣棚膜保温；休眠深的品种低温需求量高，解除休眠的时期晚，扣棚膜保温时期可适当晚些。保温过早，植株尚在休眠状态，会导致植株矮化，叶柄不伸长，叶片小，结果硬而小，产量低，品质差。保温过晚，早熟效果不明显，影响经济效益。

保温设施不同，其保温性能差别很大，因而用作半促成栽培其保温适期也有所不同。北方日光温室半促成栽培扣棚膜保温适期以 12 月中旬至翌年 1 月上旬为宜。南方塑料大棚半促成栽培在 1 月上中旬以后开始扣棚膜保温。北方中小拱棚在不加外覆盖物的情况下应避开 1 月至 2 月上旬的严寒期，扣棚膜保温期可延迟至 2 月上中旬开始。另外，以早熟为目的，保温宜早，在夜间气温低于 15 ℃以下时及时扣棚膜；如以丰产为目的，可稍迟些，不影响腋花芽的发育即可。草莓生产上主要采用无色透明膜和黑色地膜等，铺地膜后要立即破膜提苗，并在两行苗之间打一行洞用于追肥、灌水。有滴灌条件的不用打施肥、灌水洞。在较寒冷地区或者温室提温能力不足时，可以在温室内加盖一层塑料薄膜，可以选择透光性比较好的薄膜在离地面 1.5 m 处临时加盖一层，可以起到较好的保温效果。

3. 植株管理

大棚半促成栽培草莓 1 株苗一般能发出 5～6 个花序，在结果期需要 10～15 片叶供应营养，对于基部多余的老叶，要随着新叶的展开及时摘除。当腋花芽发生太多时，要把后期发生的腋花芽及早掰除。适度疏蕾和疏果，可促使单果重增加，使果个大小均匀，成熟期提前，提高果实品质。草莓现蕾后要疏除发育晚的弱小花蕾，坐果后要及时疏除畸形果、病果和小果。在前期果实采收之后，要及时摘除老叶、果柄、病叶等，以改善通风透光条件，增加光合产物积累，提高后期果实产量和品质。对于疏除的草莓植株残体要清理出棚室进行深埋或集中销毁。

（三）早熟栽培

1. 品种选择与定植

草莓早熟栽培主要采用小拱棚，南方气温较高地区也可采用露地覆盖地膜的办法。草莓小拱棚栽培与露地栽培在品种方面基本相似，南方地区应选用休眠浅、低温需求量较少、抗病性较强的品种，如丽红、明宝、丰香、鬼怒甘等。北方地区应选择休眠较深、低温需求量较多、抗病性较强的品种，如宝交早生、哈尼、全明星、新明星、石莓 1 号、早红光等。同一棚内要求栽两个以上品种，便于异花授粉。

无公害早熟栽培的草莓，小拱棚的园地应选在无公害草莓生产基地，园地的土壤、水质、空气等环境条件应符合无公害草莓生产的要求。建棚地点应选用背风向阳、排灌方便、土壤肥沃、通气良好的地块。定植前土壤要深翻 30 cm，施足底肥。一般每亩施优质有机肥 5 000 kg，氮磷钾三元复合肥 50 kg，氮磷钾的比例以 15∶15∶10 为宜。施有机肥时需要注意，一要充分发酵腐熟，二要充分捣细混匀。草莓小拱棚早熟栽培定植时期和露地栽培大体相同，应在草莓花芽分化前定植。北方以 8 月中旬至 9 月中旬为宜，东北可提前到 7 月下旬，南方可以延迟到 10 月上中旬。定植过晚草莓生长时间短，秧苗不能形成高产植株。定植方式可采用高垄或平畦，平畦一般宽 1～1.5 m，畦埂高 20 cm，高垄一般垄面宽 50～60 cm，垄高 20 cm，垄沟宽 40 cm。

定植密度一般平畦为株距 20 cm，行距 40～50 cm，每亩栽苗 6 600～8 800 株。高垄定植时每垄栽 2 行，株距 15～20 cm，每亩栽苗 6 600～10 000 株。定植时要随起苗随定植，最好带土坨移栽，以提高成活率。定植成活后应加强土、肥、水综合管理，以保证充足的营养完成花芽分化。新叶长出后要及时摘除老叶，进行浅中耕。幼苗长出 3 片幼叶后，可结合灌水施少量速效性肥料，每亩可施氮磷钾三元复合肥 10～15 kg。对抽生的匍匐茎要及时摘除，越冬前灌封冻水，封冻水要灌透。

2. 保温与保湿

土壤完全封冻前，在草莓植株上面覆盖地膜并在地膜上覆盖 10 cm 厚的稻草或秸秆。北方拱棚早熟栽培可以在土壤封冻前扣棚膜，以增强保温效果。南方拱棚栽培在 2 月中旬开始保温，北方拱棚栽培在 3 月上中旬开始保温，植株开始生长后破膜提苗。扣棚膜可在冬前也可在早春进行，在北方以冬前扣棚膜效果较好，冬前当最低气温降至 5 ℃时，即开始扣棚膜，河北中南部地区为 11 月中下旬。扣棚膜后白天要注意通风，防止温度过高，最高温度控制在 28 ℃以下。早春扣棚膜一般在 2 月上中旬。扣棚膜过晚早熟效果不好。

3. 植株管理

定植 15 d 后植株地上部开始生长，心叶发出并展开时，保留 5～6 片健叶，将最下部发出的腋芽及最近生出的匍匐茎及枯叶、黄叶全部摘除。生长旺盛的植株应及时摘除侧芽，每株保留 6～8 片功能叶即可。扣棚膜后喷施 2～5 mg/kg 赤霉素溶液以打破休眠，每株喷施 5 mL 左右，重点喷心叶部位。为提高坐果率，开花期可在每个温室中间放置 3～4 箱蜜蜂进行辅助授粉。

(四) 冷藏抑制栽培

草莓冷藏抑制栽培是利用草莓在生育停止期较强的耐低温能力，把具有一定花芽数量的草莓植株在土壤解冻后，开始生长以前，从育苗圃中取出，放入冷库中进行冷藏强迫植株休眠，抑制植株生长，当有需要时再将秧苗从冷库取出，种植到田间使其开花结果。草莓植株在生育停止期有很强的耐低温能力，一般草莓茎、叶在－8 ℃的低温条件下不会受冻害，而花芽在－3～－2 ℃的低温下冷藏较长时间也不会枯死。所以可通过冷藏抑制栽培调节草莓采收期，从而达到草莓的周年供应。由于抑制栽培需要进行长时间的植株冷藏，冷藏期间植株本身的消耗较大，所以培育适于冷藏的健壮秧苗格外重要。

1. 培育冷藏苗

进行抑制栽培的秧苗需要在 0 ℃左右的条件下进行冷藏中，无外界供给营养，连续贮藏 7 个月，秧苗自身的消耗很大，所以，必须选择健壮秧苗。一般冷藏用秧苗茎粗 1.5～2 cm，体内养分积累充足，新根多而粗壮，苗重在 30 g 以上。花芽分化数量多，但分化程度要浅，只分化到雌蕊原始体，花粉和胚珠没有形成。

冷藏苗的育苗方法与露地育苗相同。一般采用专用繁殖圃育苗，培育的秧苗初生根发达，细根少，秧苗生长期间可通过自身根系吸收大量养分和水分，秧苗生长健壮，花芽分化晚，不易发生过早现蕾现象，适合冷藏抑制栽培的要求。由于假植苗根系不发达，花芽分化早，所以一

般不采用假植育苗。如果采用假植育苗方法培育适于冷藏的壮苗大苗，必须加大假植苗的株行距，一般为 20 cm×20 cm。如果种植过密，对根系生长和花芽分化均不利。

冷藏用植株如果入冷藏库前花芽分化过深，花粉和胚珠已经形成，在冷藏中容易受冻害。为防止过早现蕾，延迟花芽发育，假植宜早不宜迟。在花芽分化期的 9 月下旬至 10 月上旬要适当施肥，培育大苗，花芽分化后，进行移苗断根、摘叶等措施，培养壮苗的同时抑制花芽发育。

2. 植株冷藏

冷藏秧苗从繁殖圃中起苗入库的时期，对冷藏效果以及定植后生长结果都有重要的影响。起苗时一定要保证在草莓休眠期内进行，起苗过晚，花芽发育程度深，入库后容易受冻害；起苗过早，入库早，秧苗消耗大，出库定植后到采收的时间长，草莓果实质量变差，产量降低。目前生产中一般在土壤解冻时，草莓的自然休眠已经结束后起苗入库冷藏。北方地区一般在 2 月上中旬至 3 月上中旬起苗。

起苗时一定要认真细致，尽量少伤根。苗挖起后应轻轻抖动，去掉根部泥土，摘除基部叶片，只保留展开叶 2～3 片，以减少植株本身呼吸对养分的消耗。植株整理后立即装箱，装箱时，苗叶靠箱两侧，苗根在箱中间，相互交错排列。一般一箱装 500～1 000 株。装箱要松紧适度，装箱过松秧苗冷藏中易干燥，出库定植后成活率低；装箱过紧，冷藏中易枯死，一般以用手压稍有弹性即可。装好箱后，用塑料薄膜把苗密封，然后钉紧箱盖，用绳捆好即可入库冷藏。草莓苗冷藏的适宜温度为−2～0 ℃，温度高于 1 ℃时芽开始萌动，−3 ℃以下时芽易受冻害。冷藏期间要求冷藏库内的温度变化要小，始终保持适温范围。温度不稳定易发生冻害和生理病害。所以，要经常进行库内温度和箱内温度的检查，确保温度正常稳定。

秧苗从冷库取出到定植应注意锻炼。可于定植前一天傍晚出库，夜间把苗箱露天放置，第二天早晨用流水浸泡根系，下午定植。也可在定植的当天早晨出库，立即用流水浸泡根系，下午定植。秧苗出库后必须浸根，否则定植成活率低。一般需流水浸根 3 h 左右。浸根方法是把出库后的草莓冷藏苗立在平底箱或水槽之类的容器里，摆放好，使自来水缓慢从根部流过。

3. 定植时期与管理

冷藏苗定植时期主要根据市场供应期确定。不同时期定植，从定植到果实开始采收所需要的时间不同。7—8 月出库定植，定植后约需 30 d 开始收获；9 月上旬出库定植，需要 45～50 d；9 月中旬出库定植，约需 60 d。出库定植过早，正值高温干燥季节，易发生烂根，形成的畸形果多，而且现蕾快，开花早，果个小，产量低。北方地区一般 9 月上中旬定植较为适宜，花序发育和叶片生长能保持平衡，果个大，产量高。

草莓苗在冷藏过程中一些叶片会发生枯黄，或发生植株萎蔫死亡。因此，定植前要对秧苗进行挑选，选取无霉菌污染、茎粗壮、根系鲜褐色的健康植株实行定植。定植前剪掉根系先端变黑的部分，然后在 50%多菌灵可湿性粉剂 500 倍液中浸泡之后再定植。定植宜在晴天的傍晚凉爽时进行，以利于秧苗成活。定植前要准备好定植地块，为秧苗成活创造一个良好的土壤条件。冷藏抑制栽培宜采用高垄栽培方式，定植密度一般每垄栽 2 行，株距 20～25 cm，每亩定植 7 000～8 000 株。由于冷藏的植株为健壮大苗，定植后生长发育快，长势强，所以定植密度不要过大，以免生长后期植株枝叶过密，透光性差，影响果实着色和使产量下降。定植后要立即浇水。

秧苗长期冷藏后比较弱，定植时根系基本上还未开始活动，在短期内根的生长要晚于地上部。因此，定植后不要急于施肥，定植时可少施基肥，等到成活后，茎叶开始生长时再追施液肥。定植以后的缓苗期要及时浇水和叶面喷水，可在垄面上方 1.5 m 高处用遮阳网覆盖遮阳，以抑制升温和土壤水分蒸发。秧苗成活以后，新根逐渐发生，新叶也开始伸长，此时由于温度适宜，光照充足，植株生长发育很快。9 月上中旬

定植，一般 20 d 后即可现蕾开花。开花期是植株需肥水的关键时期，要结合浇水，施入一些速效肥料，一般每亩可施氮磷钾三元复合肥 15 kg，尿素 10 kg，硫酸铵 10 kg。果实膨大期，植株对水分的需求增多，要充分保证土壤的水分供应，保持土壤湿润。一般 7～10 d 结合浇水施 1 次肥，追肥适宜用液肥追施。果实进入着色期以后，应适当控水，促进果实上色成熟，如湿度过大，果实含水量高，易腐烂。

草莓定植成活后，植株展开 3 片以上新叶时，可把冷藏前的老叶陆续摘除，以减少养分的消耗和防止灰霉病的传染。为了减少养分消耗，增大果个提高果品质，必须进行疏花疏果。疏除一些开花晚、长势弱的花以及发育不良的小果、畸形果和病伤果。每花序留 8～10 个果为宜。

抑制栽培一般出库定植较晚，草莓果实生育期外界温度逐渐降低。如 9 月上中旬出库定植，采收期为 10 月底至翌年的 1 月，此时正逢低温时期，所以抑制栽培的后期需用大棚或日光温室覆盖保温。一般 10 月中下旬当自然温度降到 20 ℃以下，草莓果实的膨大速度变慢时即可扣棚膜保温。保温后白天温度应控制在 25 ℃左右。保温初期外界气温较高，要注意加大放风量，使棚内温度保持在适宜范围内。温度过高，果实发育快，成熟早，但果个小，质量差。夜间温度不能低于 12 ℃，夜温达不到时要加盖保温材料如草苫或棚内加盖小拱棚。

（五）无土栽培

无土栽培是在日光温室中，将草莓植株固定在不含自然土壤的固体基质中，利用营养液浇灌，或者直接用营养液培养，以提供植株生长结果所需营养的一种新的栽培方式。采用无土栽培可有效解决草莓连作障碍问题，无土传病害，可少用或不用农药，防止环境和果品污染，并可进行集约化、立体化栽培。植物所需的养分无须被土壤固定和渗漏，可节约用肥 50%～80%。无土栽培的植株具有生长快、产量高、品质好、生长周期短的优点，因此无土栽培是进行无公害栽培的首选方式，同时也是生产无公害高质量果品的栽培方式之一。无土栽培按栽培方式的不同可以分为基质栽培、水培、雾培，按栽培容器的不同可以分为开放式露地栽培、塑料槽与盆栽培、砖槽栽培、塑料管道栽培、袋式栽培等，按空间布局的不同可以分为空间立体式栽培、地面立体式栽培以及休闲观光式栽培等。不同模式之间可以相互配合使用，形成更多高效特色的栽培模式。

1. 草莓苗培育

草莓无土栽培对秧苗的苗龄、质量有较高的要求，最好采用无病毒苗，并采用无土栽培的方式来育苗。无土育苗可以从露地土培无病毒母株上获取子苗，再集中定植培育。一般在7月上中旬从健壮的无病毒母株上采集具有2～3片叶的子苗，洗净根部泥土，定植于装有基质的育苗钵内，进行培育。也可先把装有基质的育苗钵放在母株附近，待匍匐茎抽出扎根时，人工引入营养钵中，扎根后剪断匍匐茎，将育苗钵苗集中在一起进行培育。无土育苗具有加速秧苗生长、缩短苗期、利于培育壮苗、避免土传病虫害的优点，并可以人为控制草莓植株体内碳氮比，从而实现人为控制花芽分化的进程。

2. 基质、营养液配置

固体基质应疏松通气，蓄水力强，无病虫害。生产上常用的固体基质有蛭石、草炭、锯末、珍珠岩等。固体基质的常用配置方法是：1/3蛭石（或珍珠岩）＋1/3草炭＋1/3锯末（或废棉籽皮），混匀后每立方米加20 kg充分腐熟的优质有机肥。这些基质加入营养液后，能像土壤一样给草莓植株提供养分并对草莓根系起固定、支持作用，满足草莓生长发育的需要。

营养液为草莓的生长结果提供必要的矿质营养，一般每千克营养液中各种矿质元素的含量为：氮100 mg、磷5～20 mg、钾100 mg、钙100 mg、镁20～30 mg、硫30～40 mg，调节营养液的pH为6.0左右。各地的水质都不相同，在配置营养液之前要对当地水质进行测试分析，根据其中的离子浓度对营养液配方进行调整（表1）。

表1　营养液配方

化合物名称	用量（mg/L）
硝酸钙	236
硝酸钾	303
磷酸二氢铵	153
硫酸镁	493
螯合铁	20
硼酸	2.86
硫酸锰	2.13
硫酸锌	0.22
硫酸铜	0.08
钼酸铵	0.02

生产上配制营养液分为浓缩贮备液（母液）和工作营养液（栽培营养液）。为避免沉淀发生，将母液分为A、B、C、D四种。A母液以钙盐为主，包括硝酸钙、硝酸钾等，浓度较工作浓度浓缩200倍。B母液以磷酸盐为主，包括磷酸二氢铵、硫酸镁等，浓度较工作浓度浓缩200倍。C母液以微量元素铁为主，浓度较工作浓度浓缩1 000倍，D母液由其他微量元素混在一起配制而成，浓度较工作浓度浓缩1 000倍。配制母液时用塑料桶，放入称量好的盐类，分别溶解，加水搅拌至完全溶解，再倾入母液贮备罐加水至母液总量。

配制微量元素母液时，由于铁在pH过高时易变成不可溶性的沉淀物，为防止铁沉淀，可用EDTA二钠盐与硫酸亚铁混合配制成螯合铁，单独保存。其他微量元素分别溶解后混在一起保存。

3. 定植时期与方式

无土栽培的定植时期一般在9月下旬。在定植前准备好花盆或定植槽，装入混配好的基质，浇水沉实，使基质平面略低于槽口，然后铺设滴灌管，覆盖黑色农用地膜压严四周。一般每个定植槽栽2行，行距20 cm，株距15 cm。盆栽时根据植株大小每盆栽1～2株，栽好后放于水平架上，安装好滴灌系统。秧苗定植时应选择优质壮苗，随取随栽，秧苗从育苗钵中取出后轻轻抖掉根部所带基质，摘除基部老叶，然后定植。在定植槽中定植时，按规定的株行距打孔破膜，定植时植株弓背向外，栽好后将定植孔封严。

4. 无土栽培的几种模式

（1）空中立体无土栽培模式。 草莓空中立体无土栽培模式主要采用吊挂的方式，其优点在于能充分利用温室空间与太阳能，空气流通性好，便于操作与管理，而且能轻松调节栽植槽坡度，易于灌溉液的回流。缺点是需要温室承重达到一定标准，灌溉管理需要精细化。从操作形式上分又可分为固定吊挂式立体栽培模式与电动可升降吊挂式立体栽培模式。

（2）地面立体无土栽培模式。 草莓地面立体无土栽培模式主要利用支架进行，其主要优点是能将草莓栽培架提升到一定高度，便于操作与生产管理。地面立体式相比于空中吊挂式更为灵活，适用于基质培、水培、袋培、管道培等，也不需要考虑温室类型与承重能力。目前，地面立体无土栽培大致可分为平面支架式栽培、立体多层支架式栽培以及可调节式立体栽培。

（3）草莓高效节能栽培模式。 近年来，越来越多的工业技术与智能科技成果应用到了草莓生产中，大大提高了草莓生产效率，同时也降低了草莓生产的能耗。目前，高效节能主要表现在减少能耗、水肥高效利用、环境智能控制等方面，其栽培模式有草莓蓄热式高架栽培、干雾培、复合栽培、植物工厂式栽培等。

（4）草莓观光型栽培模式。 农业休闲观光采摘是近年来比较流行、发展迅速的一个产业，尤其是草莓这种香甜可口的浆果类产品，受到消费者的广泛青睐。在草莓观光型栽培模式中，除了上面介绍的栽培模式可应用外，还有许多造型式栽培方式，主要包括利用 PVC 管道、异形泡沫栽培容器以及在其他固定造型中种植草莓等。

5. 栽后管理

秧苗无土栽培后的管理与一般日光温室土培秧苗的管理基本相同，

主要是白天注意遮阳降温，降低光照度，减少叶面蒸发，促进秧苗成活。秧苗刚定植后不要用高浓度的营养液进行浇灌，最好先用清水浇灌2～3 d后再改换营养液。

（1）合理供液。苗期每天供20 ℃营养液2次，随植株长大至结果期渐增到2～4次，特别是在气温高时，供液不能过少。供液通常在白天进行。如果营养液不回收，隔几天应浇一次清水以洗盐。如果采用循环供液，营养液离子浓度和pH应经常调整至适宜范围。

（2）温度调控。进入10月中下旬，气温降至16 ℃左右，应覆地膜保温。初期为防植株休眠矮化，促花芽发育，昼温保持在28～30 ℃，夜温在12～15 ℃；现蕾期昼温25～28 ℃，夜温10～12 ℃；开花期昼温23～25 ℃，夜温8～10 ℃；果实膨大期昼温20～25 ℃，夜温6～8 ℃；收获期昼温20～23 ℃，夜温5～7 ℃。

（3）整蔓更新。植株结果后，重新种植由匍匐茎形成的新株，其生活力强，产量高。也可以在采收后，将栽培床上植株长出的匍匐茎分次摘除，原结果株仍保持较强的生活力和较高的生产能力。

（4）疏花疏果和摘老叶。植株现蕾以后，每株保留2～3个花枝，每花枝留果3～5个，每株留果8～15个，余者疏去，以保证果大整齐，防止小果、畸形果的发生。为改善通风透光条件，应及时摘除黄、老叶片。

（5）人工授粉。在设施内进行无土草莓栽培，花期无昆虫活动会影响授粉和果实发育。因此，要在花期放养蜜蜂或人工抖动花枝等，以提高授粉率和坐果率。

第四章 花果管理与提质增效

草莓绝大多数品种为完全花，自花结实，花由花柄、花托、花萼、花瓣、雄蕊、雌蕊组成，花瓣为白色，通常为5枚，雄蕊20～35，大量雌蕊以离生方式着生于凸起的花托上。草莓花序多数为二歧聚伞花序或多歧聚伞花序，少数为单花序，一个花序上一般着生15～20朵花，一级花序的中心花最先开放，其次是中心花的2个苞片间形成的2朵二级花开放，以此类推。一级花最大，依次变小。由于花序上的级次不同，开花先后不同，所以同一花序上果实的大小与成熟期也不相同。高级次花序上，有开花不结实现象，称为无效花。

草莓的果实是由花托膨大而形成的，栽培学上称之为浆果。雌蕊受精后形成的种子称为瘦果，并着生在肉质花托上，肉质花托内部为髓，外部为皮层。草莓种子嵌入深度与草莓耐贮藏性相关，种子与果面平或凸出果面的品种比种子凹入果面的品种耐贮运，果实形状因品种不同而有差异，分为圆锥形、长圆锥形和楔形等。草莓生长期的管理对草莓果实品质具有重要影响，因此生产中要根据不同栽培方式来采取不同的管理措施，以保证草莓植株健康成长。

一、露地栽培花果管理与提质增效

（一）摘除匍匐茎

匍匐茎会大量消耗母株营养，尤其在干旱年份或土壤条件差的情况下。匍匐茎长出后，其节上形成叶丛，不易发根，生长完全靠母株供应养分，不及时摘除既影响当年产量，又影响秋季花芽形成，同时降低植株的越冬能力。据国外资料报道，草莓摘除匍匐茎后平均增产40%。

根据栽培制度和栽培方式的不同，对匍匐茎的处理也不同。一年一栽制的果园主要生产浆果，结完果后再更新茎苗进行生产，这种栽培方式下，应将定植成活后及入冬前抽生的匍匐茎及时摘除，集中养分供植株健壮生长，促进花芽分化，提高越冬能力。在早春至采收前把所有匍匐茎摘除，以节省养分供植株开花结果，增加果重和产量。多年一栽制，在采收前把匍匐茎全部摘除，采收后抽生的匍匐茎留一部分繁苗，其余全部去除。在保证繁殖子苗数量的基础上，要随时摘除生长后期从母株上抽出的匍匐茎及干旱期抽生的匍匐茎，以减少养分消耗，生产优质大果。以生产果实为主的大果四季草莓，整个生长季必须随时摘除匍匐茎，以生产优质大果，提高经济效益。

（二）疏花疏果

一年一季结果的草莓（丰香、春香等）一般有 2～3 个花序，每个花序可着生十几至数十朵花，花序上高级次的花（晚花）开得晚，往往不孕，成为无效花，有的即使能形成果实，也由于果实小无采收价值而成为无效果。所以在花序分离期，最迟不能晚于第一朵花开放，要把高级次的花蕾适时疏除，一般可掌握在疏除总花蕾数的 1/5～1/4，以集中养分，保证留下的花长成大果，促使果实整齐，集中成熟，改善品质，节省用工，提高收益。疏果是在幼果青色时，及时疏去畸形果、病虫果，是对疏花蕾的补充。

一年四季开花结果的草莓（如赛娃、美德莱特等），只要温度条件合适，可在一年内不断地抽生花序，不断地开花结果，并且花大、果大、产量高。因此，四季草莓疏除花果宜早不宜迟。在蕾期及时疏除花柄细、花蕾小、抽生晚的花蕾，保留柄粗、蕾大、抽生早的花蕾。每次保留 5～6 个花蕾或花。坐果后，再疏除小果、畸形果、病虫果。每期保留 4～5 个大果，在前一期果实成熟前，再选留 5～6 朵大花，以保持连续开大花、结大果。

（三）除叶与垫果

草莓一年中叶片不断更新，在整个生长季节要不断摘除下部老叶，才能促进上部新叶的生长。摘除老叶时间一般掌握在老叶叶柄开始发黄、叶柄由直立变为平展时（草莓从展叶开始，大约 40 d 后叶片功能下降，在叶功能下降后摘除），从叶柄基部摘除，特别是越冬老叶，常有病原体寄生，在长出新叶后应及早摘除，以便通风透光，加速植株生长。发现病叶也应及早摘除，对于摘除的老叶、病叶应及时清除出果园，集中销毁。

草莓采收后还要割除地上部分的老叶，只保留植株上刚显露的幼叶，每株只留 2～3 片幼叶。这一措施可减少匍匐茎的发生，刺激多发新芽，从而增加花芽数量，达到翌年增产的效果。此外，对病害较严重的园地，割叶后可减少病害发生。四季草莓及时摘除老叶，促生新叶和新芽，是保证四季草莓连续开花结果的重要措施。

草莓开花后，随着果实增大，花序逐渐下垂触及地面，易被泥土污染，影响着色与品质，又易引起腐烂，故在不采用地膜覆盖的草莓园应在开花 2～3 周后，在草莓株丛间铺草，垫于果实下面，或用草秸围成草圈，把果实放在草圈上。

（四）培土

根据草莓植株新根发生部位随新茎生长逐年上移的特点，采用多年一栽制的地块，每年在采果后，初秋新根大量发生之前及时对草莓植株进行培土，为新茎基部发根创造条件。培土高度以露出苗心为标准，也可结合中耕施肥，将行间土往植株基部堆培。

（五）越冬防寒

草莓在北方无稳定积雪的地区，冬季必须覆盖防寒物才能在地里安全越冬。覆盖防寒物还可保留较多的绿叶越冬，以利早春生长。一些地

区对覆盖不重视，在冬季不覆盖或未认真覆盖防寒物，越冬后植株虽未冻死，但出现萌芽晚，生长衰老，产量明显降低的现象。因此要达到稳产、高产目的应适时细致地覆盖防寒物。

初冬温度下降，当草莓植株经过几次霜冻低温锻炼后，温度降到－7 ℃之前进行覆盖。土壤封冻前灌一次封冻水，水冻结后用麦秸、稻草、玉米秸、树叶、腐熟马粪或土作为覆盖材料，可因地制宜选用。覆盖厚度山东地区一般 5～6 cm，覆盖一定要细致、压实、不透风，才能收到较好的效果。若用土覆盖，最好先少量覆一层草，再覆土，以免撤土时损伤植株。积雪稳定的地区可不进行覆盖，可在园地周围立风障。冬季严寒、春风大的地区除覆盖外，也可加立风障。

春季开始化冻后，分两次撤除防寒物。第一次在平均气温高于 0 ℃时进行，撤除上层已解冻的防寒物，以便于利用中午的阳光提高地温。尤其在冬季雨雪过多的情况下，更需要及时除去，以便蒸发过多的水分，有利于下层防寒物的迅速解冻。第二次在地上部分未萌发生长前进行，过迟撤防寒物易损伤茎和芽。防寒物撤除后，待地表稍干，进行一次清扫，将枯烂茎叶集中后烧掉，以减少病虫害发生。

（六）春季防霜

草莓地上部萌发早，开花早，植物矮小，早春易受晚霜危害。当春季日平均气温达到 5 ℃时，地上部就开始生长，气温达到 10 ℃时进入始花期，13.8～20.6 ℃为开花的适宜温度。当气温下降到－1 ℃时，植株受害较轻，达－3 ℃时受害较重。早春遇到晚霜时，花朵比幼叶受害要重，刚刚伸出的幼叶，叶尖和叶缘变黑，花朵雌蕊完全受冻，花的中心部位变黑，失去授粉受精能力。花朵受冻易形成畸形果。幼果受冻后出现油渍状病斑或者萎缩。

早春容易发生晚霜危害的地区要做好防霜工作。建园时应选择地势平坦、通风、光照充足的地块，避免在易沉积冷空气的低洼地种植草莓。在品种选择方面，应选择较抗晚霜或开花较晚的品种。从草莓地上部分开始生长至幼果期要注意收看气象预报，有霜冻时，要尽快采取熏烟或灌水等措施防止霜冻的发生，也可以喷施一些无公害生产许可的如壳聚糖类等液态肥提高抗冻性。

二、设施栽培花果管理与提质增效

（一）配置优良授粉品种

单一草莓品种可自花结实，但为了提高坐果率、减少畸形果产生，花粉活力低的品种应与花粉量大、花粉活力高、休眠浅、抗病性强、生长旺盛、花芽分化早、耐寒性好、不易矮化、果实大小整齐、畸形果少、产量高、品质好的品种混植。目前草莓生产上如丰香、明宝、宝交早生、全明星、硕丰等品种的花粉活力都极高，可与果实品质优但花粉活力低的品种混植。

（二）蜜蜂辅助授粉

设施栽培草莓，放养蜜蜂辅助授粉是一项重要的花果管理措施，可明显减少畸形果的发生。草莓 1 朵完全花中，一般萼片 5 片，副萼片 5 片，花瓣 5 片，雄蕊 20～35，雌蕊 200～400。花托中不含生长素，种子中含有生长素，因此种子的多少决定了果实的大小。草莓花蜜中糖分含量 30％，含糖量越高对访花昆虫的吸引力越大。花药开裂时间多在上午，11—12 时达到高峰。花粉发芽率在开花 2 d 内达到最高，开花 2 d 后下降。草莓完全花品种自花结实力强，自花授粉能获得高产，但异花授粉可提高坐果率 8.5％～9.5％，增加单果重 1.3～1.7 g，增加种子数 11～38 个。在配置草莓授粉品种的基础上，花期按 1～2 株草莓配置 1 只蜜蜂的比例放蜂或每个大棚、温室放置 1 箱蜜蜂。

在棚室内放养蜜蜂应注意以下几点。

① 棚室内采用多重覆盖时，揭中、下层覆盖物要放到底，不能留

一半揭一半，否则蜜蜂在飞行时会钻到薄膜夹缝中，并导致死亡。

② 降低棚室内的湿度，尤其在长期阴雨天气后棚室内湿度大，棚膜上聚集的水滴多，晴天后蜜蜂外出飞行困难或易被水打落死亡。阴天骤晴后要加大通风口散湿，蜂箱内放入石灰瓶等干燥剂降湿。

③ 冬季及早春蜜源少，要加强饲喂，将白砂糖与清水按 1∶1 的比例熬制，冷却后饲喂。

④ 在防治草莓病虫害时，要选择对蜜蜂无毒或毒性小的农药，喷药时关闭好蜂箱孔将蜂箱搬至室外。

（三）疏花疏果

植株开花过多，消耗营养，会造成果实变小，在草莓设施栽培无公害生产中，为了获得较高品质的果实，应采取疏花疏果的措施。草莓花序为聚伞花序，大多数品种的花为完全花，单株花序 2～8 个，每花序着生 10～20 朵花。一级花序最大，花瓣数最多，二级花序以下的花渐小，并且雌性程度降低，雄性程度增高。低级次花易出现雄性不育的现象，但只要授粉良好就可正常坐果发育。高级次花有开花不结实现象，其数量比例一般为 15%～25%。高级次花结的果小，采收费工，一般四级序果失去商品价值而成为无效果，及时疏除四级花序以上花蕾，产量可提高 20%左右，采收次数可减少 3 次以上。应在花蕾分离期至一、二级花序的花开放时，及时疏除无效花蕾。加工用草莓尽管对单果重要求不高，但疏蕾可提高产量。把高级次小花去除，以集中养分促成留着的果实变大、增重。每个植株保留多少果实，要根据品种的结果能力和植株的健壮程度而定。

（四）摘除侧芽、匍匐茎等

及时摘除侧芽、匍匐茎，同时摘除下部老叶、黄叶和病叶，并将摘除的侧芽、匍匐茎、老病叶及时清除出棚室，集中销毁。

（五）施用赤霉素

草莓设施栽培中通过适时保温虽然能抑制草莓进入休眠，但随着日照时间越来越短，植株还是会出现一定程度的矮化现象，从而抑制植株生长发育，影响开花结果，为了减轻和防止矮化，要在适当的时间喷赤霉素。

使用赤霉素可以抑制植株进入休眠，刺激花梗和叶柄伸长生长，增大叶面积，同时还能促进草莓花芽发育。赤霉素处理一般在保温后第一片新叶展开时喷第一次。对于休眠浅、长势旺的品种，如丰香、春香、童子1号等，只喷1次即可，浓度5～10 mg/L，每株用量3～5 mL。而休眠较深的品种，如宝交早生、全明星、新明星等需在现蕾期时进行第二次赤霉素处理，浓度也应提高到10 mg/L，每株用量5 mL，要喷在苗心处，在晴天露水干后喷施，因为赤霉素在较高温度条件下效果才能充分发挥效果，因此，喷后应将温室内温度控制在25～30 ℃下4～5 h。赤霉素用量要严格掌握，用量不宜过大，否则会造成徒长，也会使坐果率降低。

（六）防止花期冻害

草莓在打破自然休眠后，平均气温达10 ℃以上时即开始开花。整个花序全花期20～25 d。花期遇0 ℃以下低温会导致柱头变黑，丧失受精能力，因此开花期要特别注意防止冻害，最低温度不得低于5 ℃。设施栽培可采用多层覆盖、地面覆盖等措施保温。根据设施条件调整适宜开花期。

（七）养根壮叶

草莓属于聚合果，一级序果一般重15～50 g。果实呈单S形生长曲线，开花后前15 d生长缓慢，开花后15～25 d生长迅速，1 d平均可增重2 g左右，最后7 d生长又趋缓慢。从开花到果实成熟需30 d左右。

果实生长发育期短，必须要有健壮的根系和足够的叶面积。养根壮叶措施有培育壮苗、高垄定植、地膜覆盖、施足基肥、越冬防寒、摘除老叶、防止徒长等。依据设施草莓的生物学指标来确定果实生长发育所需的叶面积极为重要。已有研究表明，适宜的普通大棚草莓采收末期的叶面积系数为 4 左右，每亩有效成龄叶 27 万～28 万片，单株有效成龄叶 15～22 片，单叶面积 100 cm^2 左右，单叶负载果实 10 g 左右。

（八）改善环境，促进花果生长

1. 温度

草莓花药开裂适宜温度为 13.8～20.6 ℃，最低 11.7 ℃，在低温下不开裂。花粉粒萌发适宜温度为 25～27 ℃，20 ℃以下或 40 ℃以上则萌发不良。当昼夜平均温度分别在 25 ℃和 9 ℃时，果实最大但成熟最晚，昼夜平均温度分别在 30 ℃和 21 ℃时，果实最小但成熟最早。设施栽培可通过多层覆盖或及时通风等措施控制温度，开花坐果期温度控制在 20～28 ℃，果实发育期温度控制在 10～28 ℃为宜。

2. 光照

长日照、强光照可促进果实成熟，低温配合强光照可提高果实品质。设施栽培可通过使用无滴棚膜、减少骨架、铺反光膜等措施增强光照。

3. 湿度

花期空气相对湿度超过 94％时，花药不能开裂，花粉粒易吸水膨胀破裂。空气相对湿度过大会降低花蜜浓度，适当干燥有利于吸引昆虫授粉。设施栽培可通过通风、覆地膜、滴灌等措施降低空气相对湿度。

4. 土壤相对含水量

草莓及时进行垄顶滴灌，可促进果实生长，特别是果实迅速生长期，水分不足影响很大。采收期适当降低土壤相对含水量可提高产量，降低病果率。土壤相对含水量适宜范围为 70％～82％，果实膨大期为 80％～85％，采收期为 70％～75％。

5. CO_2 浓度

植物光合体系所需的 CO_2 浓度比自然界的正常水平高出 3～5 倍。在光照充足的条件下，对设施草莓施用 1 000～1 500 mL/m^3 的 CO_2，可增产 10%～20%。设施草莓栽培补充 CO_2 的常用方法是给土壤增施有机肥，也可通过采用 CO_2 颗粒肥、液态 CO_2、化学发生剂、燃烧碳氢燃料等途径产生 CO_2。设施内光照度达到5 000 lx时，CO_2 减少速度明显加快，此时即为开始施用 CO_2 的时间。一般在晴天日出后 0.5～1 h 开始施用，在换气之前 0.5 h 停止施用。注意事项：大量增施优质有机肥的设施草莓，施用 CO_2 增产效果不显著；低温弱光照天气不宜施用 CO_2，否则会导致功能叶老化。

第五章 土、肥、水管理

一、露地栽培土、肥、水管理

草莓园的土、肥、水管理是保证草莓健壮生长、增加产量、提高果实品质的基础，也是保护生态环境、防止果品污染、实现无公害栽培的主要技术环节。

（一）露地栽培土壤管理

1. 中耕

草莓属于浅根性草本植物，喜疏松、透气、湿润的土壤环境，因此多采用中耕的方法进行管理，中耕有利于土壤通气，增强土壤微生物的活动，促进有机物的分解，提高土壤肥力，有利于草莓健壮生长和果实发育。定植成活后和早春撤除防寒物及清扫后，应及时覆膜，对不覆膜定植的草莓，要及时多次进行浅中耕。中耕的深度为 3～4 cm，以不损伤根系为宜。在草莓开花结果期不宜中耕，否则对花果生长不利。采果后，根系旺盛生长前，中耕可结合追肥、培土工作进行，此时中耕深度可适当加深到 8 cm，此时稍伤根后能促发新根。四季草莓在一年中连续开花结果，可少耕或免耕，最好采取覆膜的办法。

2. 杂草防除

草莓园里的杂草与草莓争水、争光、争养分，使草莓减产、品质降低。因此，防治杂草是草莓园管理的重要任务之一，也是生产优质大果草莓的重要措施。田间除草可采取人工除草、覆膜压草、轮作换茬等方式。为减少用工，应以除草剂除草为主。

（1）草莓定植前的土壤封闭处理。草莓定植前 1 周，将土壤耙平后，每亩用48%氟乐灵乳油100～125 mL，加水35 kg，混匀后均匀喷洒于土表，随即用机械或钉耙进行耙土，耙土要均匀，深度为1～3 cm，使药液与土壤充分混合。一般喷药到耙土完成时间不超过6 h，否则会影响药效。地膜覆盖栽培特别适合使用氟乐灵，一般用药1次基本能控制整个生长期的杂草。用50%的敌草胺可湿性粉剂100～200 g，加水30 kg左右，混匀后均匀喷洒于土表，对草莓园除杂草安全有效。也可以把已出土的杂草铲除干净后，使用40%的莠去津胶悬剂200～500 mL，加水40 kg左右，混匀后均匀喷于土表，可收到良好效果。

（2）草莓生长季的杂草防治。苗期人工除草后，在马齿苋、看麦娘、狗尾草、稗草等杂草3～5叶期，每亩用15%的精吡氟禾草灵乳油40～70 mL加水40 kg喷洒，或每亩用10%喹禾灵乳油40～125 mL加水35 kg左右，混匀后均匀喷洒于杂草的茎叶上，对草莓园除草安全有效，但是最好采用人工清除的方法。

3. 覆膜

近年来很多国家使用黑色塑料薄膜覆盖草莓植株和行间，这种方法能抑制杂草生长，减少或免除中耕，同时果实整齐干净，采收率高，是草莓无公害栽培中值得推广的好方法。利用透明地膜覆盖土壤可有效地保持土壤水分，提升土壤温度，促进根系发育，从而提高草莓的产量和品质。据试验研究表明，通过地膜覆盖，可使草莓根系集中区的土层温度在冬季大部分时间由5 ℃以下提高至5 ℃以上，即提高到生长起点温度以上，从而使根系保持一定的生长量，加快生育进程。覆盖后，草莓植株干重在越冬结束时较越冬始期增加38%，而不覆盖的仅增加2%。而且覆盖后根系增重最为明显，根叶比由越冬始期的0.94∶1提高到越冬结束时的1.15∶1。

（1）地膜选择。草莓生产上主要采用无色透明膜和黑色地膜等。无色透明膜对土壤增温效果好，一般可使土壤耕作层温度提高2～4 ℃。黑色地膜是在聚乙烯树脂中加入2%～3%的炭黑制成，对太阳光透过率较低，热量不易传给土壤，而薄膜本身往往因吸收太阳光的热量而软

化。所以黑色地膜对土壤的增温效果不如无色透明膜，一般可使地温增加1～3 ℃。但黑色地膜与无色透明膜相比具有防除杂草的作用。

（2）覆膜方法。覆膜前要细致平整土地，以便覆膜平整，如基肥不足，可先补追一次速效肥，然后再覆盖地膜。覆膜时间掌握在日平均气温降至 10 ℃左右时进行，如果定植时苗的品质较好、长势强健，可边覆膜边掏洞破膜将茎叶扶出。如果苗瘦且缺肥迟栽，可在 12 月覆膜后封闭覆盖一段时间，通过全封闭覆盖增温保湿促进草莓恢复生长，至翌年 2 月上中旬再破膜提苗出膜。覆膜时要做到绷紧、压实、封严，防止穿风漏气。在北部草莓种植区由于冬季气温较低，因此，不论壮苗还是瘦弱苗均应全面封闭覆盖，以免植株受冻。全封闭覆盖应注意早春破洞提苗不宜过迟，否则会引起膜下大量现蕾开花，遇晚霜会引起冷害死花，造成损失。早春破膜应选择晴暖无风天气，避开寒流或低温晴燥大风天气，否则提苗后叶片容易失水或受冻出现青枯现象。提苗后要随即用细土封住洞口，以防地膜下穿风和热蒸气由洞口逸出灼伤茎叶。除去废膜后，应将废膜移出园外集中处理，以免污染园地。

4. 覆草

在草莓田间进行覆草，既能保水、保温、减少杂草生长，又能起到垫果作用，避免草莓果实触地污染或腐烂，有利于提高草莓产量和质量。覆草多用麦秸、玉米秸、稻草，覆草前把草铡成 5～10 cm 长，把铡好的草均匀地覆盖在草莓的株间或行间，覆草厚度 3 cm 左右。果实采收后正值雨季的地区，需要匍匐茎扎根繁苗或施肥的园地，采收后要及时撤除覆盖物。

（二）露地栽培施肥管理

草莓虽然是多年生草本植物，但与多年生木本果树一样每年都要从土壤中吸收大量的养分来满足其生长结果的需要，并且产量越高，需肥量越大。据研究表明，每生产 100 kg 草莓果实约需从土壤中吸收纯氮 1.33 kg，五氧化二磷 0.67 kg，氧化钾 1.33 kg。露地栽培草莓随着气温变化有明显的休眠期，其吸肥特点大体上可分为4个阶段。第一阶段是植株定植后至完成自然休眠为止。在近4个月的生长期中，植株由于休眠因而对养分吸收的能力相对较低。根据对植株干物质的分析结果，此期氮、磷、钾元素的吸收比例为1∶0.34∶0.3，以氮素吸收量最多。第二阶段是自然休眠解除后到植株现蕾期。在此期间随着温度的升高，植株开始旺盛生长，养分吸收较前一阶段增加，此期氮、磷、钾元素的吸收比例为1∶0.26∶0.65。第三阶段是随着气温与土温的升高，植株进入旺盛生长期。开花坐果均在这一时期，在这一时期植株吸收和消耗的养分达到高峰。此期氮、磷、钾元素的吸收比例为1∶0.28∶0.93，钾的吸收量几乎与氮的吸收量相当。第四阶段是随着果实的膨大与成熟，草莓植株在吸肥上表现为氮的吸收速度明显降低，磷、钾吸收量增加。此期氮、磷、钾元素的吸收比例为1∶0.37∶1.72，钾的吸收量达到高峰，可能与果实膨大及成熟时对钾元素的需求量大有关。

草莓栽培与其他作物不同，氮肥要求适量。因为氮肥的主要作用是促进长出大量叶片和匍匐茎，加强营养生长，增大果个。如果氮肥施用过多，易造成草莓苗徒长，病害增加，果实风味变淡。磷肥主要作用是促进花芽分化和提高坐果率，钾肥可以促进果实成熟，提高果实含糖量，改善果实品质。因此，草莓的施肥原则应是适氮重磷钾。

1. 施肥技术

草莓栽培过程中施肥应以基肥为主，辅以追肥。基肥以有机肥为主，辅以氮磷钾三元素复合肥。有机肥可增加土壤中有机质含量，改善土壤团粒结构，使土壤疏松透气，保水保肥能力增强。但有机肥要经过充分腐熟，不能被有害物质污染。

基肥的施用量为每亩施入充分腐熟的有机肥4 000～5 000 kg，同时加入氮磷钾三元复合肥30～40 kg和过磷酸钙30～40 kg。新建草莓园，基肥在草莓定植以前结合耕翻整地施入。多年一栽制草莓园施基肥在果实采收后进行，施入深度以20 cm左右为宜。基肥施入后要与土壤充分混匀，以保证肥料均匀分布。

追肥可以满足草莓不同生长期对养分的需求，但草莓的追肥与栽培方式有着密切关系。露地栽培的草莓由于旺盛生长期短，追肥次数不宜过多。主要的追肥时期有 4 次。

首次追肥在草莓定植成活后进入旺盛生长的 9 月上中旬进行，以氮肥为主，每亩追施氮肥 7.5～10 kg 或氮磷钾三元复合肥 10～15 kg，有利于促进植株生长发育，促进花芽分化，增强越冬能力。但要避免追施过量氮肥而造成徒长。

第二次追肥在开春后草莓新叶萌发至现蕾期进行，大约在 3 月底至 4 月初时结合浇水施肥，主要是促进植株的前期生长，尽快形成足够大的叶面积，增加有效花序数量，促进开花坐果。每亩可追施氮肥 10 kg 或氮磷钾三元复合肥 10～15 kg，有条件的情况下每亩可施草木灰 75～100 kg。

第三次追肥在初花期进行，约在 4 月中旬草莓进入初花期，适时追肥对保证植株生长、提高坐果率、提高果实品质、增加产量有显著作用。追肥应以磷、钾肥为主，兼施适量氮肥，可追施过磷酸钙、硫酸钾、尿素或复合肥等。

第四次追肥在采果后进行，约在 6 月中下旬果实采收后，为弥补结果造成的营养消耗、增强生长势、促进抽生健壮的匍匐茎应及时追肥。可施速效氮肥，加少量磷、钾肥，每亩追施尿素或硫酸铵 5 kg。

新建草莓园，尤其是刚结果第一年的草莓园，由于定植时施用基肥较多，可不追肥或少量追施 1～2 次。结果 2～3 年的草莓园，植株长势有所减退，可适当多追施。全年追肥的数量，每亩施用尿素或硫酸铵 10～15 kg，磷肥 15～20 kg，硫酸钾 7.5～10 kg。草莓前 3 次追肥必须结合灌水将肥料溶于水中施用，避免开沟伤根，影响草莓植株的生长。采果后追肥可在距草莓植株根部 20 cm 处开沟施用，此法虽对根系有损伤，但由于秋季根系有生长高峰，所以对植株无不良影响。

2. 根外追肥

根外追肥是将低浓度的肥料溶液，喷洒在植物叶片上，供给植物吸收，故又称施叶面肥。因为草莓的生长和结果，除需要氮、磷、钾主要营养成分外，还需要铁、硼、镁、铜、锌、钼等微量元素，虽然需要量非常少，但对草莓生长发育有着重要作用。用微量元素作根外追肥，能增强植株的抗逆性，显著提高草莓的产量和品质，提高果实的糖分和维生素C的含量，工业或农业生产上应用的硼酸、硫酸铜、硫酸锌、硫酸镁、钼酸铵等都可以作为根外追肥的肥料。适宜时期是在现蕾期至开花期进行，一般可进行2～3次。根外追肥可使用喷雾器在阴天或下午4时以后进行，此时气温较低，蒸发量小，肥料喷洒在叶片上不会很快被吹干，有利于植株更好地吸收。目前，无机盐形式的微量元素肥料使用越来越少，可以使用腐殖酸、氨基酸等螯合态微量元素肥料，吸收效果好，作用显著，并且肥料用量少，有利于无公害生产。

（三）露地栽培水分管理

草莓根系分布浅，叶片多，水分蒸腾量大，所以草莓对水分的要求较高，定植后及时多次灌水能缩短缓苗期，每次追肥后，及时灌水既可补充草莓对水分的需求，又可及时发挥肥效。从开花期到草莓果实成熟期间，充足的土壤水分是很重要的，这直接影响果实的大小和产量。干旱年份，生长季应视土壤的干旱情况增加浇水次数，始终保持土壤相对含水量在70%左右。灌水是草莓高产稳产的重要措施之一，但土壤水分过多，在果实发育期会引起果实发软，不利于运输销售，同时，病害也会加重。草莓既不抗旱，也不耐涝，一般从草莓开始生长到果实采收前有三个灌水期。

第一个灌水期是在草莓返青后，灌水的适宜时期因土壤墒情和降水情况而定，只要不过分干旱应适当晚浇，否则容易引起茎叶旺长、叶片过多、生长密闭、花序小、坐果少、产量低的现象。一般以现蕾期灌第一次水为宜。

第二个灌水期是在花序伸出至开花前。草莓进入开花期需水较多，盛花期和果实膨大期是草莓全年生长过程中需水量最多的时期，要保证

充足的水分供应，有利于增大果个，提高产量，这个时期一般需灌水2～3次。每次灌水量不可过大，不能大水漫灌。浇水后切忌积水暴晒，以免造成水温上升引起烂果死苗。

第三个灌水期是在果实采收后，此时为了恢复生长，促发匍匐茎，可灌水1次。进入7—8月正值北方雨季，气温高，植株停长，如不过分干旱可不浇水。9—10月为草莓的花芽分化期，土壤相对含水量不宜过高，应适当控水，过分干旱时可浇小水。11月上中旬土壤结冻前应浇越冬水，并且水量要充足。

灌水方法可在行间开沟引水沟灌，垄栽的可直接在垄沟内灌溉。果实成熟期可采用隔行灌溉的方法，既不会影响正常采收，又可防止灌水后踩踏使土壤板结。平畦定植的草莓园，可进行分区漫灌。每次采收以后要立即灌水，这样既可促进后期果实增大，提高产量，又可避免因灌水而妨碍采收。在有条件的地方，可采用滴灌的方法。滴灌适合草莓少量多次的需水特点，还可以避免果实沾泥土，减少烂果，增加好果率，并能节省用水30%左右，增产15%～20%，且土壤也不易板结。每次灌水量不可过大。水分过多会使土壤通气不良，影响草莓根系的生长，而且草莓的叶片和果实也易感染病菌，果实风味变淡，硬度降低，不利贮运。因此，在土壤黏重、水分不易渗透和低洼的草莓园，以及南方如遇雨水过多，一定要注意清理疏通垄沟，保持沟渠相通，做到及时排水。

二、设施栽培土、肥、水管理

（一）促成栽培土、肥、水管理

1. 土壤管理

草莓促成栽培对土壤要求比较严格，为了提供充足的营养，尽量减少病虫害残留，定植前要严格进行土壤消毒、整地施基肥。草莓促成栽培结果期长，产量较高，对营养的需求量较大，所以施足底肥对草莓的丰产优质很重要。一般每亩施用腐熟的优质有机肥5 000 kg以上。此外，底肥中要加入草莓专用肥或氮磷钾三元复合肥 50 kg。底肥撒匀后翻耕 2～3 遍，使土壤和肥料充分混合，翻耕深度 30 cm 左右，翻耕完成后做畦。温室内栽培要做成高畦。

由于重茬会遗留大量的有害微生物、害虫以及阻碍生长的植物根系分泌物，导致重茬后作物易感染黄萎病、根腐病及凋萎病等多种土传病害，所以作为多年生草本植物的草莓非常忌重茬。由于日光温室内倒茬困难，为减少病害，达到丰产高效的目的，在种植前应进行严格的土壤消毒。无公害标准化温室生产最好采用太阳能对土壤进行消毒，太阳能消毒对防治草莓黄萎病、芽枯病及线虫病等具有较好效果。操作步骤如下：在草莓定植前的炎热夏季，一般在 7 月，于设施内每亩施作物秸秆或其他堆肥 1 500～2 000 kg，每亩撒施石灰氮 40～60 kg，然后深翻，使作物秸秆或堆肥与土壤均匀混合，然后根据种植要求起垄，垄沟内灌水，灌水量以土壤处于饱和含水量状态为宜，然后用透明塑料薄膜覆盖垄面，同时将温室密闭，进行高温闷棚，密闭期间土壤温度如能达到 40～45 ℃，14 d 以上就能达到消毒效果。据试验表明，较耐高温的黄萎病菌在灌水条件下，40 ℃保持 14 d 或 45 ℃保持 8 d 即死亡。在 7—8 月进行太阳能消毒，一般密闭 30 d 左右即可达到消毒效果。

2. 水分管理

在温室保温初期，由于外界温度较高，导致温室内温度也较高，尽管有地膜和棚膜覆盖，土壤水分的蒸发量仍然很大，容易造成土壤缺水。由于棚膜滴水，土壤表面常常很潮湿，造成一种土壤湿润的假象，实际上植株根系分布层的土壤已处于缺水状态。所以，覆膜保温以后每隔一段时间就要浇 1 次水，保证土壤有充足的水分。一般盖地膜前浇 1 次水，以后除结合追肥浇水外，再根据土壤含水情况酌情补水，土壤相对含水量在 60％以下时需浇水。

3. 施肥管理

草莓日光温室促成栽培在精心管理的情况下，一般在 12 月中旬

果实便可成熟开始采收。从保温到采收这段时间正是侧花芽分化、发育和顶花芽开始结果、幼果膨大成熟时期，因此这段时间植株需要大量营养，同时此时期因气温、地温逐渐下降，根系吸收能力弱，光照度变小，光照时间变短，叶片的同化能力也逐渐减弱，正是易造成植株早衰，影响产量和质量的关键时期。因此，这段时间要及时追肥3～5次。追肥方法是没滴灌条件的最好在畦面上打孔浇灌0.2%氮磷钾三元复合肥溶液，同时结合苗情在叶面上喷施铁肥、磷酸二氢钾300倍液2～3次。以后在顶花序果实采收后的植株恢复期和腋生花序果实开始采收期各追1次肥。

（二）半促成栽培土、肥、水管理

半促成栽培是在低温、短日照的寒冷季节促进植株生长发育，使植株连续开花、结果，且果实采收早、产量高。因此定植时要选用优质壮苗，最好采用脱毒苗。优质壮苗的标准为：根系发达，一级根20条以上；叶柄粗短，长15 cm左右，粗2～3 mm；成龄叶4～7片；新茎粗0.8 cm以上，苗重12～20 g，无病虫害。

1. 土壤管理

土壤是草莓生长的基础条件，所以在定植前土壤准备是非常重要的工作，园地应施入充足的有机肥，一般每亩施腐熟优质有机肥5 000 kg，氮磷钾三元复合肥50 kg，施肥后进行翻耕，土壤与肥料混合均匀后整平做成高垄准备定植。

2. 水分管理

草莓半促成栽培，扣棚膜保温后，大棚内温度虽然不是很高，但草莓对水分的需水量很大，最少7 d灌溉1次，每次需灌透土层30～40 cm深，使土壤长期保持湿润，以湿而不涝、干而不旱为原则。灌溉后要重新将地膜覆上，以保持土壤水分，降低棚内空气相对湿度。最好采用膜下滴灌。

3. 施肥管理

定植成活后，在10月中下旬草莓植株开始进入休眠期，此时茎叶的生长与根系的发育较慢，为了在较短的时间内尽量扩大草莓根系，施肥结合灌水、松土就显得特别重要。第一次追肥，在定植成活后的15 d左右，用氮磷钾三元复合肥撒施，每亩13～15 kg，施后灌水、松土。第二次追肥在地膜覆盖前，每亩用10 kg的氮磷钾三元复合肥进行追施，以促进打破休眠，加速植株初期生长。若此期采用部分缓效性肥料，则会使植株在翌年1—2月维持较好的生长势，有利于草莓营养生长和开花结果。第三次追肥在顶花芽的果实膨大期结合灌水，施入液肥，既可促进植株生长，又可促进果实膨大，通常用9～10 kg的氮磷钾三元复合肥分次施入，每次间隔15 d左右，整个生长发育期施肥5～6次。除土壤施肥外，扣棚膜前还需叶面喷施0.3%尿素+0.3%磷酸二氢钾2次，间隔10～15 d后扣棚膜。花期和果实膨大期喷0.3%硼酸+0.4%磷酸二氢钾+0.3%尿素2次，间隔时间为10～15 d，喷肥一般在上午10时以前或下午4时以后进行，避免高温时喷肥。

（三）早熟栽培土、肥、水管理

1. 土壤管理

无公害早熟栽培的草莓，栽培园地应选在无公害草莓生产基地，园地的土壤、水质、空气等环境条件应符合无公害草莓生产的要求。建棚地点应选用背风向阳、排灌方便、土壤肥沃疏松的地块。定植前土壤要深翻30 cm，施足底肥。一般每亩施优质有机肥5 000 kg作基肥，氮磷钾三元复合肥50 kg，氮磷钾的比例为15∶15∶10。施有机肥时需要注意，一要充分发酵腐熟，二要充分捣细混匀。

2. 水分管理

在水分管理上，为防植株徒长，前期以控水为主，只要土壤不干，植株生长正常，可暂不浇水。生长后期，外界温度升高，拱棚通风加大，加上开花坐果需水较多，土壤易缺水，应及时浇水。浇水要掌握小

水勤浇的原则，切忌大水漫灌。为降低棚内湿度，施肥浇水可采用地膜打孔的方法。设施栽培草莓最好采用滴灌，滴灌能降低设施内空气相对湿度，减少病害发生，可提高果实产量和品质。

3. 施肥管理

从萌芽、现蕾到开花期，是草莓对肥比较敏感的时期。但这段时间，棚内温度较低，根系吸收能力较差，不宜大量施肥。第一次追肥在顶花序现蕾时进行，第二次追肥在顶花序果实开始膨大时进行。追肥与灌水结合进行。肥料中氮、磷肥配合施用，每亩施肥 10～15 kg，液肥浓度以 0.2%～0.4%为宜。

第六章 病虫害综合防治技术

草莓病虫害防治应坚持预防为主、综合防治的原则，以选用抗病品种和无病种苗、推行太阳能土壤消毒和轮作制为基础，从生态学考虑，控制害虫种群在低水平并维持，以害虫养天敌，以天敌治害虫，并且采用多种方法进行防治。采用农业、生物、物理、化学和生态防治，合理使用高效、低毒、低残留化学药剂，严格遵守安全间隔期，按照病虫害发生规律，科学使用化学农药。

草莓植株矮小，茎叶果实接近地面，为多种病虫害的侵染提供了良好的生态条件，尤其是设施栽培中高温多湿的情况下，更有利于各种病害的发生。为了保证草莓植株的正常生长，达到优质、丰产的目的，应特别强调采用以农业防治为主的综合防治措施。

一、综合防治的措施

（一）农业防治

农业防治就是利用病虫、农作物以及环境三者之间的关系，采用一系列的农业技术措施以促成农作物的强势生长发育，进而抑制病害虫的繁殖，直接或间接地消灭病害虫，再进一步创造有利于益虫生存及繁殖的条件，从而使农作物免受或减轻病虫危害的方法。

1. 定植前农业防治措施

① 为了减少病虫害的传播，在引进种苗时必须严格把好检疫关，避免从疫区引种，并对种苗严格检疫，严防从疫区引进带病种苗。

② 选用抗病品种，在保证产量、质量的前提下，尽量选择抗病虫

害品种，尤其是选用抗危害性较大的病虫害的品种。例如，在白粉病较重的地区，可选用对白粉病抗性较强的宝交早生、因都卡、新明星等品种。新明星、因都卡抗蛇眼病；宝交早生、四季草莓较抗黄萎病；宝交早生、因都卡、新明星、戈雷拉较抗根腐病；新明星、丰香、春香较抗枯萎病；新明星、明宝、斯派克抗灰霉病。栽培时要根据不同地区的情况，选择对某种或某几种病虫害抗性较强的品种。

③ 使用脱毒种苗，应按照相应的栽培类型所需的秧苗标准，培育符合要求的健壮秧苗，这是防治草莓病虫害的基础。由于脱毒育苗是在无菌条件下进行的，所以草莓组培苗不仅脱除了病毒，而且不带病原菌，子苗生长健壮，抗病性强，发病少。草莓组培脱毒苗的繁殖系数高，比普通匍匐茎苗的繁殖能力高50%以上，对于本身繁苗能力低的品种则效果更加明显。另外，还应充分利用太阳紫外辐射或药剂等对土壤进行消毒，切实做好草莓定植前的准备工作。

2. 定植后农业防治措施

① 切实抓好草莓栽培管理，选择通风良好、排灌方便的地块定植草莓，定植前要对土壤进行检测与改良。

② 坚持以施有机肥为主，避免过量施氮肥。

③ 保证合理的定植密度。

④ 设施内若要采用高畦栽培，必须进行地膜覆盖。膜下灌溉方式一般应采用滴灌。

⑤ 种植过程中，应将染病的叶、花、果及植株及时摘除，并将其运到园地外烧毁或深埋。设施栽培应注意在早晚进行，将采摘下的病叶等立即放入塑料袋中，密封后带出棚室外销毁。收获结束后要及时清理草莓秧苗和杂草，土壤深翻约40 cm，并借助自然条件如低温、太阳紫外辐射等，杀死一部分土传病菌和虫卵，如夏季可利用太阳高温暴晒进行土壤消毒。要避免连作，实行轮作倒茬。必须合理轮作，如为了防止黄萎病和青枯病的发生，应避免与茄子轮作。

（二）生物防治

生物防治是利用天敌昆虫、昆虫致病菌、农用抗生素、昆虫性外激素等来控制草莓的病虫害，此方法副作用少、无污染。

1. 保护利用天敌

首先要保护好自然天敌，减少广谱性杀虫剂的使用量，或在不影响天敌活动的情况下用药。其次，可人工释放天敌，如在设施栽培中，可适时释放七星瓢虫的蛹、成虫，用以防治蚜虫等害虫。

2. 应用昆虫性外激素

可在草莓园设置一定数量的性外激素诱捕器，诱捕大量成虫，减少雌雄成虫自然交配的概率，或干扰其交配，使草莓园害虫数量减少，达到防治效果。

（三）物理防治

1. 人工捕杀

对于幼虫体积比较大的害虫，在虫害发生的初期可采取人工捕杀的方法，这种方法在棚室栽培中的效果很好。

2. 趋性诱杀

黄板诱杀白粉虱及蚜虫可以有效控制棚室内白粉虱和蚜虫的数量，具体操作方法是在 0.2 m^2 的纸板上涂黄漆，干了以后在黄漆上涂一层机油，每亩挂这样的黄板 30～40 块，挂在行间。当板上粘满白粉虱和蚜虫后，再涂一层机油。同时利用黑光灯可以有效诱杀斜纹夜蛾等害虫。

3. 纱网隔离

对于防治棚室中的蚜虫，除了诱杀方法外，还可在棚室放风口处安装防止蚜虫进入的防虫网，此法有效易行。

4. 热水处理

用热水处理草莓秧苗，先将秧苗在 35 ℃水中预热10 min，再放入 45～46 ℃热水中浸泡 10 min，拿出冷却后即可定植。此法可以防治草

莓芽线虫。

（四）化学防治

① 病虫害的化学防治要在预测预报工作的基础上，掌握病虫害发生的程度、范围和发育进度，及时采取措施。

② 实行苗期用药，早期用药，可提高农药对病虫害的杀伤力，提高防治效果。做到一药多治，病虫兼治。

③ 选用生物农药、矿物源农药和一些高效低毒、低残留农药，如白僵菌、苏云金杆菌、阿维菌素、波尔多液、代森锰锌、抗蚜威等。

④ 允许使用的一些有机化学农药，要限量使用，而且要严格执行农药安全使用标准。严禁使用国家已经公布禁用的农药。用药时间要避开草莓花期和果实成熟期。

（五）生态防治

针对白粉病和灰霉病菌耐低温、不耐高温的特性，在气温较高的春季，可以运用大棚覆膜增温的方法杀菌。已有研究表明，相对安全有效的温度控制方案是使棚内温度提升到 35 ℃左右并保持 2 h，连续进行 3 d，温度超过 38 ℃会造成草莓烧苗，低于 32 ℃杀菌效果不理想。另外，在草莓开花和果实生长期，加大棚室放风量，将棚内空气相对湿度降低至 50％以下，对抑制灰霉病的发生有显著的效果。

二、主要病害防治

（一）青枯病

青枯病是草莓生产中，尤其是育苗期的主要病害之一，长江流域以南地区的草莓栽培区均有发生。青枯病菌寄主范围广泛，除草莓外，还危害番茄、茄子、辣椒、大豆、花生等一百多种作物，以茄科作物最易感病。

1. 危害症状

草莓青枯病是细菌性维管束组织病害，多见于夏季高温时的育苗期及定植初期。发病初期，草莓植株1～2片下位叶凋萎脱落，叶柄变为紫红色，植株发育不良，随着病情加重，部分叶片突然失水，绿色未变而萎蔫，叶片下垂似烫伤状。起初2～3 d植株中午萎蔫，夜间或雨天尚能恢复，4～5 d后夜间也萎蔫，并逐渐枯萎死亡。将病株由根茎部横切，可发现导管变褐，湿度大时可挤出乳白色菌液。严重时根部变色腐败。

2. 危害规律

病原菌在草莓植株上或随病残体在土壤中越冬，通过土壤、雨水、灌溉水或农事操作传播。病原菌腐生能力强，并具潜伏侵染特性，常从根部伤口侵入，在植株维管束内进行繁殖，向植株上、下部蔓延扩散，使维管束变褐腐烂。病原菌在土壤中可存活多年，久雨或大雨后转晴，遇高温阵雨或干旱灌溉，地面温度高，田间湿度大时，易导致青枯病严重发生。草莓连作地，地势低洼、排水不良的田块发病较重。

3. 防治方法

（1）农业防治。忌连作，忌与茄科作物轮作，与水稻轮作可减少田间病菌来源。提倡营养钵育苗，减少根系伤害，高畦深沟，合理密植，注意适时排灌，防止土壤过干过湿。田间应做到雨后地干，防止积水。适当增施氮肥和钾肥，及时摘除老叶、病叶，增加通风透光条件。加强肥水管理，施用充分腐熟的有机肥或草木灰，调节土壤pH。定植前可用生石灰或太阳紫外辐射进行土壤消毒。发现病株及时挖除烧毁，病穴灌注20%石灰水或2%福尔马林消毒。

（2）化学防治。定植时用青枯病拮抗菌MA-7浸根，抑制青枯病菌侵染。发病初期可喷30%碱式硫酸铜悬浮剂400倍液，或14%络氨铜水剂350倍液，间隔7～10 d喷1次，一般喷2次。也可用72%硫酸链霉素农用可溶粉剂4 000倍液浇灌根部。

（二）细菌性叶斑病

细菌性叶斑病又称草莓角斑病、草莓角状叶斑病，是育苗期和定植缓苗期的重要病害之一，发生严重时可导致毁灭性的损失。

1. 危害症状

初侵染时在叶片背面出现水渍状红褐色不规则病斑，病斑扩大时受叶脉限制呈多角形，病斑在光下呈半透明状，病斑逐渐扩大后融合成一片，渐变成淡红褐色而枯萎。湿度大时叶背可见有菌脓溢出，干燥时成一薄膜，常在叶尖或叶缘处发病，叶片发病后常干缩破碎，严重时，植株生长点变黑枯死。

2. 危害规律

该病原菌可随着草莓繁殖材料的引进、灌溉水、雨水、虫伤及农事操作造成的伤口或叶缘处水孔侵入、致病并传播蔓延，后进入维管束向上下扩展。高温、连作、偏施氮肥等条件下发病尤重，可在土壤里及病残体上越冬。

3. 防治方法

（1）农业防治。严格选用无病健壮种苗。清除枯枝病叶，减少机械损伤，及时防治虫害。加强田间管理，雨后及时排水，防止土壤过湿。

（2）化学防治。发病初期可用20%噻菌铜悬浮剂500倍液，或20%噻枯唑可湿性粉剂800倍液，或77%氢氧化铜可湿性粉剂1 000倍液喷雾，隔7～10 d喷一次，连用2～3次。

（三）白粉病

草莓白粉病在北美洲、欧洲以及日本等地发生广泛，在我国各地均有分布，一般北方冷凉地区、山区和设施栽培的草莓发病严重。

1. 危害症状

主要危害草莓叶片，花、果实、果梗和叶柄也可受害。叶片受害后，初期在叶面产生白色粉状斑点，随病情发展，叶片上形成大小不等的暗色污斑和白色粉状物。严重时，整个叶面被白粉层覆盖，叶缘上卷呈汤匙状。后期病部呈红褐色，叶缘萎缩、焦枯。花蕾受害，表面布满白粉，轻者开花推迟，果实瘦小，重者花蕾不能绽放，最后干枯死亡。青果受害后着色缓慢，丧失商品价值，若后期受害，果面覆盖一层白粉。

2. 危害规律

该病原菌为子囊菌亚门白粉菌目白粉菌科单囊壳属真菌。病菌以菌丝体随种苗越冬。翌年春带菌种苗上产生的分生孢子，通过气流、雨水传播，从草莓叶面直接侵入，完成初侵染。发病后在病部产生分生孢子，借风雨传播，形成再侵染，引起田间病害的扩展蔓延。草莓白粉病菌为草莓的专性寄生菌，只侵害草莓，因此，带菌种苗是该病进行远距离传播的唯一途径。

草莓白粉病较耐干旱，多雨条件对其发生不利。在气温 15～27 ℃，空气相对湿度 40%～80%的条件下，均有利于病害的发生。雨水对草莓白粉病的发生有抑制作用，水滴中病菌分生孢子不能萌发。凡栽种过密，偏施、重施氮肥的地块，病害发生较严重。山地栽培和设施栽培比露地栽培发病严重。草莓品种间抗病性有明显差异，新明星、宝交早生、因都卡抗性较强，春香、达娜、丽红等发病重。

3. 防治方法

（1）农业防治。选用抗病品种。生长季及时摘除病、老叶，初冬彻底清扫果园，集中烧毁残枝败叶。避免过多施用氮肥，防止草莓植株徒长。定植密度不可过大，以免影响通风透光。设施栽培要注意通风，适当加大定植的株行距，及时摘除病果、病叶。

（2）化学防治。在发病初期可选用 70%甲基硫菌灵可湿性粉剂 1 000 倍液、50%多菌灵可湿性粉剂 1 000 倍液、2%抗霉菌素 120 水剂 200 倍液喷雾，或选用 10%苯醚甲环唑水分散粒剂，每亩用 50 g 兑水喷雾，或选用 40%双胍辛烷苯基磺酸盐可湿性粉剂、30%氟菌唑可湿性粉剂 1 500 倍液喷雾，在开花前，每隔 7～10 d 喷 1 次。设施栽培条件下可采用 45%百菌清烟剂每亩 0.2～0.25 g 灭菌。

（四）病毒病

病毒病是对草莓危害非常大的一种病害，目前已知在草莓上发生的病毒病种类达数十种。除少数种类分布较广泛外，大部分种类仅局部发生。在我国生产上造成损失的主要有草莓斑驳病毒、草莓镶脉病毒、草莓轻型黄边病毒以及草莓皱缩病毒4种。一般栽培年限越长，感染病毒种类越多，发病受害程度越重。

1. 危害症状

草莓感染病毒病以后，特别是被一种病毒单独侵染后，大多症状不明显，称为隐症。一般表现出长势衰弱，新叶展开不充分，叶片变小无光泽，叶片变色，群体矮化，坐果少，果形小，产量低，生长不良，品质变劣，含糖量降低，含酸量增加，甚至不结果等症状。复合感染时，由于毒源组合不同，表现症状各异。

2. 危害规律

（1）草莓斑驳病毒。草莓斑驳病毒分布极广，世界各地凡有草莓栽培的地方几乎都有分布。此病毒单独侵染时，往往不表现明显症状，但病株长势衰退，果实品质下降，一般减产20%～25%。此病毒与草莓轻型黄边病毒复合侵染时，在感病植株上产生叶片褪绿或黄边、植株矮化、结果少和果小等综合症状。减产幅度比单一侵染更大。草莓斑驳病毒可通过嫁接、蚜虫传播，也可通过菟丝子和汁液传播，但不能通过种子或花粉传播。

（2）草莓轻型黄边病毒。草莓轻型黄边病毒为世界性分布。此病毒单独侵染时，仅使植株轻矮化，但该病毒很少单独侵染，而是常与其他病毒复合侵染，造成叶片黄化或叶缘失绿，植株生长势严重减弱，植株矮化，果实产量和质量严重下降等现象，减产可高达75%。草莓轻型黄边病毒主要通过蚜虫传播，也可通过嫁接传播，不能通过种子或花粉传播。

（3）草莓皱缩病毒。草莓皱缩病毒在世界各地几乎都有分布，它是对草莓危害最大的病毒。侵染栽培品种时，感病植株表现为叶片畸形，叶上产生褪绿斑，沿叶脉出现小的、不规则状褪绿斑及坏死斑，叶脉褪绿及透明，幼叶生长不对称，扭曲皱缩，小叶黄化，叶柄缩短，植株矮化。此病毒有强弱不同的许多株系，强毒株系单独侵染时，严重影响长势和产量，一般减产 35%～40%。弱病株系单独侵染时，草莓匍匐茎的数量减少，繁殖力下降，果实变小，与其他病毒复合侵染时，危害更加严重。如皱缩病毒与斑驳病毒复合侵染，使感病植株严重矮化，如与轻型黄边病毒或镶脉病毒三者复合侵染，危害更为严重，产量大幅度下降甚至绝产。草莓皱缩病毒也可通过嫁接传播，但不通过汁液传播。

（4）草莓镶脉病毒。该病毒单独侵染时，无明显症状，植株生长衰弱，匍匐茎数量减少，产量和品质下降，与斑驳病毒、轻型黄边病毒复合侵染后常引起植株叶片皱缩扭曲，植株极度矮化。此病毒主要由蚜虫传播，嫁接和菟丝子也能传播，但不能通过汁液传播。

3. 防治方法

（1）农业防治。

① 选用抗病品种。如草莓 1 号、草莓 3 号、新明星等品种抗病性较好。

② 培育和栽培无病毒秧苗。培育无病毒母株，栽培无病毒苗木，实行严格的隔离制度是防治病毒病的根本措施。无病毒苗在生产中要 2～3 年更新一次，在病毒侵染率高的地区及设施草莓园每年都要更新。为了防止新栽培的无病毒苗被蚜虫传播病毒侵染，无病毒苗的定植区应距离老草莓园 2 km 以上。

③ 及时进行轮作和倒茬。尽量避免在同一块地上多年连作草莓。加强田间栽培管理，提高草莓自身的抗病能力。在田间如发现病株要立即拔除烧毁，减少侵染源。

（2）物理防治。

① 病毒检疫。在引种时，要严格进行检疫，提高检测手段和技术，实施引种隔离检验制度。

② 防治蚜虫传播。蚜虫是传播病毒的主要媒介，防治蚜虫是防止病毒传播蔓延的重要措施。蚜虫的活动高峰为 5—6 月，在这个时期喷药，可起到良好的防治效果，可显著地降低草莓病毒病的发病率。也可利用蚜虫回避银色反射光的特点，用银色聚乙烯薄膜覆盖母株防治蚜虫。

（五）炭疽病

炭疽病在美国、日本等草莓生产国均有发生，在我国东部草莓产区发生较多，常引起烂果和植株萎蔫，造成较大损失。

1. 危害症状

该病主要发生在匍匐茎抽生期与育苗期，生长结果期很少发生。该病主要危害匍匐茎与叶柄，叶片、托叶、花、果实也可感染。发病初期，病斑水渍状，呈纺锤形或椭圆形，直径 3～7 mm，后病斑变为黑色或中央褐色、边缘红棕色。叶片、匍匐茎上的病斑相对规则整齐，很易识别。匍匐茎、叶柄上的病斑可扩展成环形圈，湿度高时，病部可见鲑肉色胶状物，即分生孢子堆。该病除引起局部病斑外，还易导致感病植株，尤其是子苗整株萎蔫，初期 1～2 片展开幼叶失水下垂，傍晚或阴雨天仍能恢复原状。病情重者全株枯死。此时若切断根冠部，可见横切面上自外向内发生褐变，但维管束不变色。

2. 危害规律

病原菌主要在植株的病组织上越冬，也能以菌丝体和拟菌核的形式随病残体在土壤中越冬。翌年菌丝体和拟菌核发育形成分生孢子盘，产生分生孢子。分生孢子靠灌溉水或雨水冲溅传播，使近地面幼嫩组织发病，完成初侵染。在病组织中潜伏的菌丝体，翌年直接侵染草莓引起发病。病部产生的分生孢子可进行多次再侵染，引起病害的扩大和流行。

草莓炭疽病是典型的高温、高湿性病害。盛夏高温多雨发病重。连作田发病重。偏施重施氮肥，种植过密，行间郁闭，导致植株生长柔嫩，有利于病害发生。发病盛期多在母株匍匐茎抽生期及假植育苗期。

近几年来，该病的发生有上升趋势，尤其是草莓连作地，对生产上培育壮苗产生了严重阻碍。品种间抗病性强弱差异明显，宝交早生、早红光抗病性强，丰香中等，丽红、女峰、春香、硕丰均易感病。

3. 防治方法

（1）农业防治。选用新明星、达赛莱克特、宝交早生等抗病性强的品种，育苗圃和假植圃进行轮作，育苗期间加强植株和匍匐茎管理。及时摘除病叶、病茎、枯老叶等病残体，并集中烧毁或深埋。

（2）化学防治。在匍匐茎生长期可喷施75%百菌清可湿性粉剂600倍液，或2%抗霉菌素120水剂200倍液进行防治。

（六）芽叶线虫病

1. 危害症状

主要危害正在发育的芽和叶。受害叶片展开后出现皱缩、扭曲症状，且比正常叶片小，线虫在取食过程中常破坏花芽，造成果实产量和质量严重下降，同时草莓芽叶线虫危害时，常引起其他细菌交叉感染，造成植株严重矮化，茎短缩，膨大多分枝，大量新芽聚生成花椰菜状。

2. 危害规律

线虫寄生于草莓的芽中取食危害，线虫的幼虫共4个龄期，在土壤和植物残体中越冬。线虫主要靠被侵染母株发生匍匐茎进行传播，被侵染植株上发生的匍匐茎上几乎都有线虫，从而传给子株。线虫也靠灌水传播。如果在发病田里进行连作，则土中残留的线虫也会对健康植株进行危害。

3. 防治方法

（1）农业防治。选择无病区育苗，不从被侵染母株上采集匍匐茎苗定植，从外地引苗要严格实施检疫。栽前在7—8月的高温季节用太阳能对土壤进行消毒。用热水处理秧苗，将秧苗先在35 ℃水里预热10 min，然后放在45 ℃热水中浸泡10 min，冷却后定植实行轮作、倒茬。清除病株，发现病株应连同匍匐茎一起拔除烧掉，消灭病源。

（2）化学防治。定植前用10%硫线磷颗粒剂，5 kg/亩，均匀施入土层5～10 cm深处，然后栽苗浇水。缓苗后，用90%敌百虫原药600倍液灌根2～3次，每次间隔7～10 d。若发现病株及时拔除，并用90%敌百虫原药400～500倍液喷雾2～3次，重点喷新芽处，每次间隔7～10 d。

（七）褐斑病

褐斑病是草莓生产中常见病害之一，一般植株发病率为25.8%～52.3%，严重时可造成叶枯苗死，直接影响草莓生产。

1. 危害症状

草莓褐斑病主要危害叶片，叶柄、匍匐茎和果实也可受害。病害多从叶缘开始侵染，初期叶面出现紫褐色小斑点，后扩展为大小不等的近圆形或V形斑。病斑中部灰白，边缘紫红色，斑上一般有明显轮纹。后期病斑可发展至叶片1/4～1/2大小，致使叶片枯萎，植株死亡。叶柄和匍匐茎受害，产生黑色病斑，周围红色，椭圆形稍凹陷。果实多在成熟期受害，病部褐色软腐，略凹陷。

2. 危害规律

该病害由真菌引起。病原菌主要在病组织内或随病株残体遗落在土中越冬，成为翌年初侵染的来源。越冬后的病菌借雨水冲溅进行侵染，使病害逐步蔓延扩大。一般4月下旬开始发病，5月中旬后病情逐渐扩展，5月下旬至6月进入盛发期，7月下旬后，遇高温干旱，病情受抑，如遇温暖多湿的环境，特别是时晴时雨反复出现时，病情又扩展。品种间抗病性有差异，丽红、达娜、宝交早生等抗病性弱。

3. 防治方法

（1）农业防治。选用抗病品种，及时摘除病叶、病茎、枯老叶等病残体，并集中烧毁或深埋。加强栽培管理，平衡施肥，合理密植。

（2）化学防治。移植前清除病株，并用70%的甲基硫菌灵可湿性粉剂500倍液浸苗15～20 min，待药液干后移栽。发芽至开花前用等量式波尔多液200倍液喷洒叶面，每15～20 d喷1次，有良好的防治效果。田间发病初期，喷洒10%苯醚甲环唑水分散粒剂1 500倍液进行防治。

（八）灰霉病

灰霉病是草莓的常见病害，世界各草莓产区均有分布。我国各地发生普遍，一般减产10%～30%，重者达50%以上。草莓灰霉病在采收后可继续危害，引起严重烂果。

1. 危害症状

草莓的果实、花蕾、花、花梗以及果梗均可受害。果实受害后，果面上初期形成水渍状、淡褐色斑点，随病斑扩大，果实迅速变软，病果上产生大量灰白色霉层，即病菌的分生孢子和分生孢子梗。青果受害后，若天气干燥，病果失水干腐，呈暗褐色。叶片及叶柄受害后，病斑无定形，褐色，潮湿时长出灰白色霉层。

2. 危害规律

该病病原菌为半知菌亚门葡萄孢属的灰霉菌。病菌主要以菌丝体和菌核的形式随病残体在土壤中越冬。翌年菌丝体产生分生孢子，或菌核萌发产生子囊盘和子囊孢子，通过气流和雨水传播，完成初侵染。发病植株上产生的分生孢子，借气流和雨水传播，进行再侵染，引起田间病害的扩展和蔓延。

草莓开花期和果实成熟期的温度条件一般都能满足该病害发生的要求，因此，田间湿度成为决定田间病害发生的主导因素。一般多雨潮湿的条件下，病害发生严重，常大面积流行。气候干燥冷凉，则抑制分生孢子的形成，发病轻。过度密植、偏施重施氮肥，造成枝叶徒长，行间郁闭，灌溉后或雨后排水不畅，土壤湿度大，易导致病害发生。设施栽培早春通风不及时，滴露重，发病重。此外，连作田发病重。

3. 防治方法

（1）农业防治。避免过多施用氮肥和灌水，适当稀植，保证通风良好，设施栽培采用高垄滴灌技术可降低发病率。选用抗病品种，进行地

膜覆盖或果实垫草，防止果实与地面接触，及时摘除枯叶病果。设施栽培，可在开花期和果实生长期，加大放风量，使棚内空气相对湿度降至50%以下。将棚室温度提高到35℃，闷棚2h，然后放风降温，连续闷棚2～3次，效果明显。

（2）化学防治。从花序显露至开花前是药剂防治的关键时期，果实开始采收后应停止用药，以降低农药对果实的污染。可选用的药剂有70%甲基硫菌灵可湿性粉剂500～1 000倍液，等量式波尔多液200倍液，10%多抗霉素可湿性粉剂500倍液，50%异菌脲可湿性粉剂1 000倍液等，每隔7～10 d喷1次，连喷2～3次。设施栽培时，可每亩用20%腐霉利烟剂80～100 g，分放到5～6处，傍晚点燃，闭棚过夜，7 d熏1次，连熏2～3次。

（九）叶枯病

叶枯病又称紫斑病、焦斑病，是草莓的常见病害之一，在我国各地发生普遍。

1. 危害症状

主要危害叶片，是叶部的主要病害之一，叶柄、花萼、果梗也可染病。叶枯病属低温、高湿性病害，多在春秋季发病。初发病时，叶面上产生紫褐色无光泽小斑点，以后逐渐扩大成不规则形病斑。病斑多沿主叶脉分布，发病重时整个叶面布满病斑，发病后期全叶黄褐色至暗褐色，直至枯死。叶柄或果柄发病后，病斑呈黑褐色，微凹陷，脆而易折。

2. 危害规律

叶枯病病原菌为凤梨草莓褐斑病菌，以子囊壳或分生孢子在病组织上越冬，春季释放出子囊壳或分生孢子，借风雨传播。秋季和早春雨露较多的天气有利于侵染发病，一般健壮苗发病轻，弱苗发病重。

3. 防治方法

（1）农业防治。选用抗病品种，如新明星等。保持果园清洁，及时摘除病叶、老叶，减少病源。加强肥水管理，促进秧苗健壮，提高抗病能力，不过量施用氮肥。

（2）化学防治。在春、秋低温期喷施25%多菌灵可湿性粉剂300～400倍液，或70%甲基硫菌灵可湿性粉剂1 200倍液，或70%代森锰锌可湿性粉剂600倍液，每7～10 d喷施1次可取得较好的防治效果，并可兼治其他病害。

（十）黑霉病

1. 危害症状

黑霉病主要危害接近成熟的草莓果实，采收后的果实如不及时处理包装，更容易被侵染，造成果实大量腐烂。初发病时果面呈淡褐色水渍状病斑，继而迅速软化腐烂，长出灰色棉状物，上生颗粒状黑霉，即菌丝体和子实体。

2. 危害规律

病原菌属藻状菌纲毛霉属毛霉科真菌。在土壤和病组织中越冬，借风雨传播，在果实成熟期侵染发病，果实之间可相互传染。如采收后发病会造成严重损失。

3. 防治方法

（1）农业防治。禁止草莓连作，如需连作，土壤必须利用太阳能进行消毒。培育健壮秧苗，栽后加强土肥水管理，及时摘除老叶和病果。对于采收后感染的果实，应该尽快挑出，集中处理。

（2）化学防治。采收前连续喷施2%抗霉菌素120水剂200倍液，或2%武夷菌素水剂200倍液，或27%高脂膜水乳剂80～100倍液，重点喷洒果实。

（十一）菌核病

1. 危害症状

主要在冬春低温时期发病，果实被侵染发病后变褐腐败，并在病部长出绒密的棉毛状菌丝体，最后形成不规则黑色鼠粪状菌核，重病株常

因腐败致死。

2. 危害规律

主要以子囊孢子经空气传播侵染发病，也可由菌核萌发产生的菌丝直接进行侵染。田间菌核在夏季浸水 3～4 个月后死亡，但在旱田的地面上能存活 2～3 年。菌核病菌属低温性，发病适温为10～15 ℃，遇上连续几天 10 ℃以下的低温，则寄主抵抗力下降，发病明显加重。设施内湿度大，温度低，会导致茎叶结露，对侵染发病有利。

3. 防治方法

（1）农业防治。与禾本科作物实行 2 年以上轮作可减轻发病。实行高垄定植，在设施栽培时要控制定植密度，避免植株郁闭，及时剪除下部老叶，促进通风透光。适当控制灌水，降低室内空气相对湿度。低温期要调节好设施内温度，注意通气降湿。在未形成菌核前及时清除病株，并集中销毁。

（2）化学防治。在发病初期用 40%菌核净可湿性粉剂 500 倍液，或 50%乙烯菌核利可湿性粉剂 1 000～1 500 倍液，或 50%腐霉利可湿性粉剂 1 500 倍液，或 50%异菌脲可湿性粉剂 1 500 倍液，或 50%苯菌灵可湿性粉剂 1 500 倍液喷洒。或于发病初期每亩用 10%腐霉利烟剂 0.25～0.3 kg 熏一夜，也可于傍晚喷撒 5%百菌清粉剂，每亩 1 kg，隔 7～10 d 喷撒 1 次。

（十二）芽枯病

芽枯病是草莓设施栽培的主要病害之一，主要危害幼芽，造成小苗腐烂而减产，一般减产 30%～40%，严重时达 50%以上。

1. 危害症状

芽枯病又称立枯病，为土壤真菌性病害。主要危害花蕾、幼芽和幼叶，其他部位也可发病。危害症状表现为幼芽呈青枯状，叶和萼片上形成褐色斑点，逐渐枯萎，叶柄和果柄基部变成黑褐色，叶片萎蔫下垂，急性发病时植株猝倒。

2. 危害规律

病原菌为半知菌亚门的丝核菌，以菌丝体或菌核的形式随病残体在土壤中越冬，以带病秧苗和病土传播为主。露地栽培时春季为主要发病时期，发病的适宜温度为22～25℃，在肥大水多的条件下容易发病。设施栽培温度高，通风不良，湿度大，定植过密容易导致病害蔓延。

3. 防治方法

（1）农业防治。尽量避免在立枯病发生的地区进行育苗和种植草莓，否则必须利用太阳能对土壤进行消毒。适当稀植，合理灌水，保证通风，降低环境湿度。设施内要适时通风换气，灌水后迅速通风，降低室内湿度。及时拔除病株，严禁用病株作为母株繁殖草莓苗。

（2）化学防治。适宜的药剂为10%多抗霉素可湿性粉剂500～1000倍液，从现蕾期开始，7 d左右喷1次，共喷2～3次。设施栽培情况下，每亩用5%百菌清粉剂110～180 g，分放5～6处，傍晚点燃，闭棚过夜，7 d熏1次，连熏2～3次。

（十三）根腐病

根腐病主要危害草莓根部，新病区一般减产30%～50%，发生2～3年的病区，如防治措施不力，将导致绝产。它借风雨、灌溉水、农事操作等方式传播，不易被察觉。在发现少量病株后，如采用一般的防治方法，则很容易造成病害的扩大蔓延，给草莓生产造成损失。

1. 危害症状

根腐病分为急性型和慢性型。急性型多发生在春、夏两季，雨后叶尖突然凋萎，不久呈青枯状，随后全株迅速枯死。慢性型多发生在秋、冬两季，主要发生在冬暖日光温室栽培的草莓植株上。植株发病后，下部老叶叶缘变紫红色或紫褐色，逐渐向上扩展，直至全株萎蔫或枯死。染病后植株根系变褐腐烂，易拔起，纵剖主根，中心变为赤褐色。定植后在新生的不定根上症状最明显，发病初期不定根的中间部位表皮坏死，形成1～5 mm长红褐色至黑褐色梭形长斑，病部不凹陷，病健交

界明显，严重时病根木质部及髓部坏死褐变，整条根干枯，地上部叶片变黄萎蔫，最后全株枯死。

2. 危害规律

根腐病的病原菌为草莓疫霉菌，属鞭毛菌亚门真菌。该菌以卵孢子的形式在土壤中存活，土壤中的卵孢子中晚秋或初冬产生孢子囊，借灌溉水或雨水传播蔓延。土壤温度低、湿度大时易发病，地温 10 ℃是发病的最适温度。本病属低温病害，地温高于 25 ℃则不发病，一般春秋多雨的年份易发病，低洼地，排水不良或大水漫灌的情况下发病重。将病根浸泡在 15 ℃水中 2～3 d，即长出孢子囊流动孢子，菌丝生长温度 5～30 ℃，最适温度 22 ℃左右，形成流动孢子的适温是 15 ℃。

3. 防治方法

（1）农业防治。选用抗病品种，现已育成并具有较好抗性的品种有群星、三星、早光、戈雷拉、红岗特兰德等，各地可因地制宜选择合适的抗病品种。凡有条件的地方，应勤轮作换茬，特别是实行水旱轮作更加有效。新植地要能排能灌，通透性良好。加强栽培管理，清洁果园，草莓采收后，及时清除田间病株和病残体并进行集中烧毁。草莓采收后，在地里施入大量有机肥，深翻土壤，灌足水，在光照最充足、气温较高的夏季 7—8 月，用透明塑料薄膜覆盖地面 10 d 以上，利用太阳能使地温上升消毒土壤。采用高垄覆地膜栽培，合理施肥，提高植株抗病力。草莓施肥的原则是适氮，重磷、钾，施肥应以充分腐熟的有机肥为主，施足基肥。科学灌水，对草莓田灌水要及时、适当，掌握“头水晚，二水赶”的原则。开花后至果实成熟期间，保证充足的水分供应。严禁大水漫灌，避免灌后积水，有条件的可进行滴灌或渗灌。小水浅灌，灌水时间以早、晚进行为好。

（2）化学防治。防治草莓根腐病关键是要早抓，从苗期抓起，从外地引进的种苗应及时摊开防止发热烧苗，栽前用 50%多菌灵可湿性粉剂 500～800 倍液浸洗后，摊开晾干水分后种植。定植后缓苗期用 75%百菌清可湿性粉剂 500～800 倍液连喷 2 次，每隔 10 d 一次。盖膜前，行间撒施石灰，喷58%甲霜·锰锌可湿性粉剂500～800倍液或75%百菌清可湿性粉剂500～800倍液，在发现病株的田块进行淋根。注意轮换交替用药，加强根腐病的防治。

（十四）枯萎病

草莓枯萎病主要分布在美国、日本、澳大利亚和中国，主要危害草莓根部，引起植株黄矮枯萎，重者死亡。

1. 危害症状

草莓枯萎病多在苗期或开花至收获期发病。初期仅心叶变黄绿色或黄色，有的卷缩或呈波状形成畸形叶，染病株叶片失去光泽，植株生长衰弱，在3片叶中往往有1～2片畸形或变狭小硬化，且多发生在一侧。老叶呈紫红色萎蔫，最后全株枯死。受害轻的病株症状有时会消失。被侵染株的根冠部、叶柄、果梗维管束都变成褐色至黑褐色。根部变褐后纵剖镜检可见长的菌丝。轻病株结果减少，果实不能正常膨大，果实品质和产量降低，匍匐茎明显减少。枯萎病与黄萎病症状近似，但染枯萎病植株心叶黄化，卷缩或畸形，且病害主要发生在高温期。

2. 危害规律

草莓枯萎病主要通过病株和病土传播。主要以菌丝体和厚垣孢子的形式随病残体遗落土中或在未腐熟的带菌肥料及种子上越冬。病原菌在病株分苗时进行传播蔓延，当草莓移栽时厚垣孢子发芽，病菌从根部自然裂口或伤口侵入，在根茎维管束内进行繁殖生长，形成小型分生孢子，并在维管束中移动，通过堵塞维管束和分泌毒素，破坏植株正常输导机能而引起萎蔫。病害的发生要求的温度较高，一般要达到15～18℃才开始发病，25～30℃枯死植株猛增。连作或土质黏重、地势低洼、排水不良等情况下都会导致病害加重。

3. 防治方法

（1）农业防治。选用抗病品种。对秧苗要进行检疫，建立无病苗圃，从无病田分苗，定植无菌苗。进行合理轮作，草莓田与禾本科作物

进行3年以上轮作，最好能与水稻等水田作物轮作，效果更好。提倡施用酵素菌沤制的堆肥。发现病株及时拔除，集中烧毁或掩埋，病穴用生石灰消毒。

（2）化学防治。定植前每100 m^2 用氯化苦3 L打眼熏蒸消毒，施药后以塑料薄膜覆盖，7 d后种植。6月中旬开始用50%多菌灵可湿性粉剂600～700倍液，或70%代森锰锌可湿性粉剂500倍液，或50%苯菌灵可湿性粉剂500倍液喷淋茎基部，隔15 d左右喷淋1次，共喷5～6次。也可用20%甲基硫菌灵可湿性粉剂300～500倍液浸苗5 min后再定植，或用药液灌根消毒。

（十五）黄萎病

1. 危害症状

草莓黄萎病主要在匍匐茎抽生期发病，主要危害幼苗。发病幼苗新叶失绿变黄，弯曲畸形，叶片变小，在3片叶中有1～2片叶黄化，且极小型化。发病植株生长不良，叶片失去光泽，从叶缘开始凋萎褐变，不久植株枯死。叶柄和茎的导管发生褐变，根的外侧或先端也发生褐变，但中柱鞘不变色，不久腐烂。

2. 危害规律

该病病原菌为半知菌亚门轮枝孢属真菌，以菌丝体或厚垣孢子或拟菌核的形式随寄主残体在土壤中越冬，可存活多年，主要靠土壤中的植物残体繁殖，带菌土壤是主要侵染源。病菌从根部侵入，通过维管束向上移动导致地上部发病。该病发生的适宜温度是28 ℃，土壤温度高、湿度大、pH低可使病害加重。在假植苗圃一般在9月发病，半促成栽培多在2—3月发病，露地栽培多在3—5月发病，重茬地发病重。

3. 防治方法

（1）农业防治。选用丰香、春香等抗病品种，宝交早生、达娜抗病性较弱。轮作制果园利用太阳能对土壤进行消毒。及时摘除病、老叶，发现病株要尽早拔除、深埋或烧毁，减少侵染源。实施检疫，对病区种苗进行严格控制，不从病区引种，确保无病区草莓的生产安全。

(2) 化学防治。可在定植前用70%甲基硫菌灵可湿性粉剂300～500倍液浸根消毒或栽后灌根。

(十六) 革腐病

1. 危害症状

革腐病是危害草莓果实的主要病害之一。幼果期开始发病，病部呈褐色至深褐色，以后整个果实变褐，呈皮革状，果实不再膨大。成熟果实被侵染后，病部呈紫红色至紫色，较正常果颜色深，后期整个果实变成淡紫色或紫色，表面皱缩，无光泽，有弹性，果肉变褐且革质化，有苦味，后期干硬成为僵果。

2. 危害规律

该病属土传性真菌病害，病原菌以卵孢子的形式在患病僵果或土壤中越冬，耐寒性很强。病原菌侵染的适宜温度为17～25 ℃，高湿和强光照是发病的重要条件。

3. 防治方法

(1) 农业防治。选用抗病品种，如长虹2号、美14、明晶、哈尼等，戈雷拉发病重，宝交早生次之。设施栽培要注意通风，有条件时可使用滴灌。露地栽培降水过多时要注意排水，避免过多地施用氮肥。采用地膜覆盖或铺草垫果，防止病原菌侵染果实。适时采收，并切忌碰伤果实，及时摘除病果。

(2) 化学防治。发病前喷50%代森锰锌可湿性粉剂、75%百菌清可湿性粉剂或50%克菌丹可湿性粉剂500倍液；发病初期喷施25%甲霜灵可湿性粉剂1 000倍液或25%多菌灵可湿性粉剂300倍液。

(十七) 蛇眼病

蛇眼病又称白斑病、叶斑病，主要危害草莓叶片，多在老叶上发病

形成病斑，也侵染叶柄、果柄、花萼、匍匐茎和果梗。开花前轻度发病，果实采收后大量发生。

1. 危害症状

以叶片受害为主，叶柄、果梗、嫩茎和种子也可发病。多从下部老叶开始发病，逐步向上发展。发病初期在叶片上形成近圆形、紫红色小斑点，随病斑的扩大，病斑中央呈灰白色至灰褐色，外围有明显的紫红色晕圈。湿度高时，病斑表面产生白色霉层，即病菌分生孢子梗和分生孢子。发病严重时，叶上病斑密布，引起叶片枯焦坏死。

2. 危害规律

病原菌在温暖地区通常只产生无性阶段，以菌丝体或分生孢子的形式随种苗越冬。在北方寒冷地区病原菌可以以菌丝、分生孢子、小菌核或子囊壳的形式越冬。翌年春天产生的分生孢子或者子囊孢子随风雨传播，完成初侵染。病部产生的分生孢子可以进行再侵染，引起病害的扩展和蔓延。病原菌发育适宜温度为 18～22 ℃，低于 7 ℃或高于 23 ℃病原菌发育迟缓。春、秋季节阴雨天多，发病重。重茬地，管理粗放、排水不良等地块都会加重病害发生。

3. 防治方法

(1) 农业防治。因地制宜，选用优良抗病品种。移植时严格清除病苗。移植前用药液浸洗幼苗，待晾干后定植。适度灌水，忌猛灌漫灌，适度密植，设施栽培注意通风换气，促使植株生长健壮。及时摘除病、老、枯死叶片，收获后彻底清洁田园，植株残体集中烧毁或深埋，以减少田间菌源。

(2) 化学防治。在发病初期喷等量式波尔多液 200 倍液，或 30%碱式硫酸铜悬浮剂 400 倍液，或 14%络氨铜水剂 300 倍液，或 77%氢氧化铜可湿性粉剂 500 倍液，或 75%百菌清可湿性粉剂 500 倍液，或 70%甲基硫菌灵可湿性粉剂 1 000 倍液，或 50%多菌灵可湿性粉剂1 000 倍液等，每 10 d 喷 1 次，共喷 2～3 次。采收前 10 d 停止喷药。

（十八）黏菌病

黏菌在寄主表面附生，影响寄主的光合作用和呼吸作用，严重时造成寄主生长衰弱甚至死亡。

1. 危害症状

发病初期寄主表面布满淡黄色黏液，后期产生圆柱形孢子囊。孢子囊淡黄色，周围蓝黑色，有白色短柄，排列整齐，覆盖在叶片、叶柄和茎上。受害组织不能正常生长，或因其他杂菌感染而腐烂，此时若遇到干燥天气，病部产生灰白色粉末状硬壳质结构，严重时植株枯死，果实腐烂。

2. 危害规律

病菌以孢子囊的形式随病株、病残体在地表越冬。休眠孢子囊有极强的抗逆能力，可随繁殖材料及风雨传播。高温、潮湿的条件有利于草莓黏菌病的发生和蔓延。管理粗放、杂草丛生，氮肥施用过多，行间郁闭潮湿，或将草莓种在高大木本果树行间易导致病害发生。

3. 防治方法

（1）农业防治。选择干燥、平坦地块及沙质土壤种植草莓。雨后及时排水，灌溉要忌大水漫灌，防止积水和湿气滞留。精耕细作，及时清除田间杂草和残体败叶，种植不可过密，防止植株郁闭。施足基肥，提高植株抗性。

（2）化学防治。发病初期及时喷洒石灰半量式波尔多液200倍液，或45％噻菌灵悬浮剂3 000倍液，或50％多菌灵可湿性粉剂500～800倍液进行防治。采收前5 d停止用药。

（十九）缺素症

1. 缺氮

（1）症状。氮素营养对草莓生长发育有重要作用。草莓缺氮时，地上部分和根系生长均受到抑制。一般开始缺氮时，特别是生长盛期，叶

片逐渐由绿色向淡绿色转变，随着缺氮的加重，叶片变成黄色，局部枯焦而且比正常叶略小。幼叶随着缺氮程度的加剧，叶片反而更绿。老叶缺氮时，叶柄和花萼呈微红色，叶色较淡或呈现锯齿状亮红色。

（2）发病原因。土壤贫瘠且没有正常施肥、管理粗放、杂草丛生易缺氮。有机质含量高的土壤，含氮量也较高。

（3）防治方法。要施足底肥，以满足春季生长期短而集中的特点。如发现缺氮时，每亩追施硝酸铵 11.5 kg 或尿素 8.5 kg，施后立即灌水。花期也可叶面喷洒 0.3%～0.5%的尿素溶液 1～2 次。

2. 缺磷

（1）症状。缺磷症状要细心观察才能看出。草莓缺磷时植株长势弱，发育缓慢，叶色带青铜暗绿色。缺磷的最初表现是叶片深绿，比正常叶小。缺磷加重时，植株的上部叶片呈黑色，具光泽，下部叶片呈淡红色至紫色，近叶缘的叶面呈现紫褐色斑点。缺磷植株的花和果比正常植株要小，有的果实偶尔有白化现象。根部生长正常，但根量少，颜色较深。缺磷草莓的植株顶端发育受阻，明显比根部发育慢。

（2）发病原因。土壤中含磷少，或土壤中含钙量多和酸度高时，磷易被固定，不易被植物吸收。此外，疏松的沙土或有机质含量高的土壤也可能缺磷。

（3）防治方法。可在草莓定植时每亩增施过磷酸钙 50～100 kg，随农家肥一起施，或者植株开始出现缺磷症状时，每亩喷施 1%～3%过磷酸钙澄清液 50 kg，或叶面喷施 0.1%～0.2%磷酸二氢钾 2～3 次。

3. 缺钾

（1）症状。钾在植物体内以无机盐形式存在。草莓新器官的形成都需要钾元素。适度施用钾肥有促进果实膨大和成熟，改善品质，提高抗旱、抗寒、耐高温和抗病虫害能力的作用。草莓对钾素的吸收量比其他元素多。

草莓开始缺钾时症状常发生在新成熟的上部叶片上，叶缘出现黑色、褐色斑点和干枯，继而发展为灼伤，还可在大多数叶片的叶脉之间向中心发展，包括主脉和副叶都会产生褐色小斑点，叶片和叶柄几乎同时发暗并干枯或坏死，这是草莓特有的缺钾症状。草莓缺钾症状主要表现在较老的叶片上，新叶钾素充足，不表现缺钾症状。强光照会加重叶片灼伤，所以缺钾易与日烧相混。叶片灼伤的叶柄常发展成浅棕色至暗棕色，有轻度损害，以后逐渐凋萎。缺钾草莓植株的果实颜色浅，质地柔软，没有味道。根系一般正常，但颜色暗。轻度缺钾可自然恢复。沙土及有机肥和钾肥含量少的土壤易缺钾。氮肥过多对钾吸收有拮抗作用。

（2）发病原因。一般沙土地最容易发生缺钾现象，有机肥、钾肥含量少，而又大量施用氮、磷肥的地块容易缺钾，此外土壤中钙、镁元素含量过高，也会抑制植物根系对钾素的吸收。

（3）防治方法。施用充足的有机肥料，每亩追施硫酸钾 7.5 kg 左右。也可叶面喷施 0.1%～0.2%的磷酸二氢钾溶液 2～3 次，隔 7～10 d 喷一次，每次每亩喷肥液 50 kg。

4. 缺硼

（1）症状。早期缺硼，幼龄叶片出现皱缩和叶焦，叶片边缘呈黄色，生长点受伤害。随着缺硼的加重，老叶的叶脉会失绿或叶片向上卷曲。缺硼植株的花小，授粉和结实率低，果实畸形或呈瘤状，果小种子多，果实品质差。缺硼土壤及土壤干旱时植株易出现缺硼症。

（2）防治方法。适时浇水，提高土壤可溶性硼的含量，以利植株吸收。缺硼的草莓植株可叶面喷施 0.15%的硼砂溶液 2～3 次，花期补硼，喷施浓度宜适当降低，每次每亩喷肥液 50 kg。

5. 缺镁

（1）症状。最初上部叶片边缘黄化和变褐枯焦，进而叶脉间褪绿并出现暗褐色的斑点，部分斑点逐渐发展为坏死斑。枯焦加重时，茎部叶片呈现淡绿色并肿起，枯焦现象随着叶龄的增长和缺镁的加重而加剧。一般在沙质地栽培草莓或氮肥、钾肥施用过多时易出现缺镁症。沙土地种植或钾肥用量过多时，也会妨碍植株对镁的吸收和利用。

（2）防治方法。叶面喷施1%～2%的硫酸镁溶液2～3次，隔10 d左右喷一次，每次每亩喷50 kg左右。

6. 缺铁

（1）症状。幼叶黄化或失绿，随黄化程度加重而变白。中度缺铁时，叶脉为绿色，叶片为黄白色。严重缺铁时，叶片边缘坏死或黄化。碱性土壤或酸性较强的土壤易缺铁。

（2）发病原因。盐碱地中的Fe^{2+}常常被转化为不溶的Fe^{3+}固定在土壤中，致根部不能吸收利用。植株幼嫩部位很需要铁，老叶中的铁难以转移到新叶中去，导致新叶的叶绿素形成受阻，进而出现黄化性缺铁症。

（3）防治方法。避免在盐碱地种植草莓，土壤pH调到6～6.5为宜，避免施用碱性肥料，多施腐熟有机肥提高土壤腐殖质含量。及时排水，保持土壤湿润，应急时可在叶面喷洒0.1%～0.5%硫酸亚铁水溶液，不宜在中午气温高时喷，以免产生药害。

7. 缺钙

（1）症状。多发生在草莓植株现蕾时，新叶端部产生褐变或干枯，小叶展开后不恢复正常。

（2）发病原因。土壤干燥或土壤溶液浓度高，妨碍植株对钙的吸收和利用。

（3）防治方法。适时浇水，保证水分供应均匀充足，应急时可喷0.3%氯化钙水溶液。

8. 缺钼

（1）症状。缺钼初期，叶片均匀地由绿转淡，无论是幼龄叶还是成叶最终均表现为黄化。随着缺钼程度的加重，叶片上出现焦枯，叶缘卷曲。

（2）防治方法。叶面喷施0.03%～0.05%的钼酸铵溶液2次，每次每亩喷50 kg。

9. 缺锌

（1）症状。缺锌加重时，老叶变窄。特别是基部叶片缺锌越重窄叶部分越长。缺锌不发生坏死现象。严重缺锌时，新叶黄化，叶脉微红，叶片有明显锯齿形边。缺锌植株结果少。

(2) 防治方法。增施有机肥改良土壤，叶面喷施0.05%～0.1%硫酸锌溶液2～3次。喷施浓度切忌过高，以免产生药害。

三、主要虫害防治

(一) 桃蚜

1. 为害状

桃蚜在世界各地均有分布，我国各草莓产区均有发生，多群聚于草莓花序、嫩叶和幼嫩花蕾上繁殖、取食。以刺吸式口器吸取草莓植株汁液，吸食处褪绿色，叶片卷曲、变形，植株生长衰弱。桃蚜还会传播病毒，为害严重，是病毒病的传播媒介，由它传播的病毒病对草莓所造成的损失比其直接为害更大。其分泌物可封闭植株气孔，直接影响光合作用，导致减产和品质降低。受害严重的地块，减产21%左右，个别地块减产可达30%以上。蚂蚁以桃蚜分泌物为食，若植株附近出现蚂蚁多时，则说明有桃蚜为害。

2. 生活习性

桃蚜在北方1年发生10代左右，在南方最高可发生达40代。桃蚜繁育周期短，发生代数多，世代重叠严重。桃蚜的发育起点温度为4.3 ℃，在10 ℃下发育历期24.5 d，25 ℃时缩短至8 d，最适发育温度为24 ℃，高于28 ℃的气温对其发育不利。冬季低温时，生长和繁殖缓慢，为害轻。当温度上升到10 ℃时，其繁殖速度加快，高温、高湿条件有利于它的繁殖和为害。桃蚜存在着种群分化现象，有些种群以卵在桃树上越冬，翌年2月中旬至3月上旬孵化，4月上中旬出现有翅迁移蚜。在北方，翌年3—4月孵化，繁殖几代后产生有翅蚜，迁飞到草莓地。10月下旬产生有性雌蚜和雄蚜，有性雌蚜迁飞至桃树上，以孤雌胎生方式产生无翅有性雌蚜，与迁飞来的雄蚜于11月上旬开始在桃树上交尾产卵，

以卵越冬。有些种群则继续留在草莓地中孤雌胎生雌蚜繁殖，以成蚜或若蚜在草莓地中越冬。温室内可全年无性繁殖。

桃蚜繁殖力强，有翅胎生雌蚜胎生蚜量 16～18 头，无翅胎生雌蚜胎生蚜量 13～15 头。每头雌蚜可产卵 10 粒。桃蚜食性较杂，对黄色和橙色有强烈趋性，对银灰色有负趋性。

3. 防治方法

（1）农业防治。合理安排茬口，减少桃蚜为害。例如，韭菜挥发的气味对桃蚜有驱避作用，种植草莓时，可与韭菜搭配种植，降低桃蚜密度，减轻其对草莓的为害。也可在草莓田周围种植四季豆、玉米等高大作物，通过截留，减少桃蚜迁移到草莓植株上的数量。在冬季和春季彻底清洁田园，清除草莓田附近的杂草和残株病叶，减少虫源。

（2）物理防治。利用银灰色反光塑料薄膜驱避桃蚜，可采用银灰色薄膜进行地膜覆盖，或在田间挂 10～15 cm 的银灰色薄膜条驱避蚜虫。有翅蚜对黄色、橙色有较强的趋性。取一块长方形的硬纸板或纤维板，板大小一般为 30 cm×50 cm，先涂一层黄色广告色（水粉），晾干后，再涂一层黏性黄色机油（机油内加入少许黄油）。把黄板插入田间，或悬挂在草莓行间，高于草莓 0.6 m，利用机油黏杀桃蚜，经常检查黄板并涂抹黏性黄色机油，黄板粘满时，及时更换黄板。

（3）生物防治。利用天敌灭蚜。桃蚜的天敌有七星瓢虫、异色瓢虫、龟纹瓢虫、草龄、食蚜蝇、食虫蝽象及蚜茧蜂等，应尽量减少农药使用次数，保护天敌，以天敌来控制桃蚜数量，使桃蚜的种群数量控制在不足为害的范围之内。有条件的地方，可人工饲养或捕捉天敌，在草莓田内释放，以控制桃蚜。

（4）化学防治。在草莓植株生长期用 1%苦参碱可溶液剂 800～1 000 倍液，或 50%抗蚜威可湿性粉剂 2 000 倍液，或 3%啶虫脒乳油 2 000～2 500 倍液，或 2.5%吡虫啉可湿性粉剂 1 500 倍液喷洒防治。适量用药和交替使用农药，可增强药效和延缓桃蚜抗药性。在棚室温度高时或草莓开花期，不宜使用敌敌畏灭虫，以免引起药害。在草莓生产过程中，提倡使用低毒、低残留的化学农药，如吡虫啉等。掌握好安全间隔期，草莓在用药后间隔 10 d 才能采收，残效期长的农药，如吡虫啉等应施药后 15 d 以上才能采收。

（二）温室白粉虱

白粉虱俗称小白虫、小白蛾，是华北及豫西局部地区为害草莓的重要虫害之一。

1. 为害状

我国北方地区，近年来随着设施栽培的发展，温室白粉虱分布区域逐渐扩大。白粉虱以成虫和若虫吸取草莓叶片汁液，使叶片失绿变黄，影响植株正常的生长发育，为害时分泌大量蜜露，污染叶片，还会引起霉菌感染，严重影响叶片的光合作用和呼吸作用，导致叶片萎蔫，甚至植株枯死。

2. 生活习性

在北方温室 1 年可发生 10 余代。以各虫态在温室寄主作物上越冬并为害。因此，温室内越冬的白粉虱，是露地草莓受害的虫源。成虫羽化后次日即可交配。每头雌性白粉虱产卵 140～150 粒。白粉虱也可以进行孤雌生殖，其后代为雄性。白粉虱成虫喜欢为害草莓嫩叶，所以下部老叶上的虫龄较大。

白粉虱繁殖的适温为 18～21 ℃，温室条件下，一般 1 个月繁殖 1 代。在 24 ℃时，约 25 d 繁殖 1 代。成虫寿命 12～59 d，随温度升高而寿命缩短。白粉虱除为害草莓外，还为害茄科、菊科、葫芦科、十字花科、豆科等 200 多种植物。

3. 防治方法

（1）农业防治。清除前茬作物的残株和杂草，防止白粉虱进入新建温室，温室的通风口要设置细窗纱，阻止白粉虱迁入。露地草莓田要远离棚室。

（2）物理防治。黄板诱杀，方法同蚜虫防治。

（3）生物防治。设施栽培在扣棚膜后，当白粉虱成虫平均在 0.2 头/株以下时，每 5 d 释放 1 次丽蚜小蜂成虫 3 头/株，共释放 3 次。丽蚜小蜂可在棚室内建立种群，有效控制白粉虱为害。

（4）化学防治。在白粉虱发生期用 12%噻嗪酮乳油 1 000 倍液，或 2.5%联苯菊酯乳油 3 000 倍液，或 2.5%氯氟氰乳油 4 000 倍液喷洒均有较好效果。采前 15 d 应停止用药。设施栽培可用 22%敌敌畏烟剂熏烟，按每亩用量 0.4～0.5 kg，与锯末或其他燃烧物混合，点燃熏烟，杀死越冬代或残存在温室、大棚内的白粉虱成虫。

（三）红蜘蛛

红蜘蛛，属蛛形纲，叶螨科，是草莓栽培中的重要害虫之一，在露地和设施栽培中均可为害，在设施栽培条件下为害更重。为害草莓的主要有朱砂叶螨、二斑叶螨、截形叶螨、土耳其斯坦叶螨等。

1. 为害状

朱砂叶螨、二斑叶螨分布在全国各地。截形叶螨分布在华北、华东、西南及台湾等地。土耳其斯坦叶螨分布在新疆地区。草莓红蜘蛛以若螨和成螨在草莓叶背面吸食汁液。受害叶片正面形成枯黄色失绿斑点，最后干枯脱落，严重影响草莓的产量和品质。

2. 生活习性

草莓红蜘蛛每年发生 10～20 代。其发生代数由北向南随气温增高而递增。在北方主要以成螨聚集成团在枯枝落叶上、土缝、树皮缝等处越冬。在南方则以各种螨态越冬。春天气温升到 6 ℃以上时，越冬螨可出蛰，先在杂草上取食，当气温达到 10 ℃以上时，在寄主叶背大量产卵繁殖。交配后的雌螨所繁殖的后代，基本为雌螨，未经交配的雌螨可进行孤雌生殖而产生雄螨。

草莓红蜘蛛在草莓田一开始是点片发生，之后靠爬行和吐丝下垂，借助风力、雨水和人为携带，在叶片和株间蔓延危害。3 龄若螨活泼贪食，有向上爬的习性，数量多时，在叶端成团，滚落地面后向四周爬行扩散。

草莓红蜘蛛春、秋两季完成1代需要15～22 d，夏季7～10 d。6—8月是其大量繁殖和严重为害期。草莓红蜘蛛性喜温暖、干燥，在少雨的夏季发生严重。

3. 防治方法

(1) 农业防治。与禾本科作物实行1年以上轮作制。秋耕秋灌，恶化越冬螨的生存条件，减少虫源。天气干旱时，灌水增加草莓地湿度，最好采用喷灌，不利于草莓红蜘蛛的繁殖。

(2) 生物防治。保护天敌昆虫，发挥其自然生态作用，在使用农药的时候，采用对天敌杀伤力小的农药种类和用药方式。

(3) 化学防治。选择无公害生产允许的高效、低毒、低残留并且草莓红蜘蛛不易产生抗性的药剂。目前以1.8%阿维菌素乳油4 000倍液、25%三唑锡可湿性粉剂1 500倍液对叶螨防治效果好，且持效期长，安全性高。此外20%甲氰菊酯乳油2 000倍液、20%双甲脒乳油1 500倍液等药剂也可以用于草莓红蜘蛛的防治。

(四) 盲蝽

盲蝽种类多，有茶翅蝽、牧草盲蝽、绿盲蝽、苜蓿盲蝽等。我国草莓产区分布较多的是茶翅蝽。

1. 为害状

盲蝽食性杂，寄主多，除为害草莓外，还在其他果树、蔬菜和杂草上活动取食。其中对草莓为害较重的是牧草盲蝽，成虫5～6 mm，是一种古铜色小虫，为害时用针状口器刺吸幼果顶部的种子汁液，破坏其内含物，形成空种子。由于果顶种子不能正常发育，这一部位的果肉膨大受到影响，而形成畸形果，影响草莓果实的产量和品质。

2. 生活习性

盲蝽1年发生1代，以成虫在房檐、墙缝、门窗缝以及枯枝落叶内

越冬，翌年5月陆续出蛰活动，6月产卵，卵多产于叶背面，卵期一般为4～5 d。若虫在7月上旬开始出现。8月中旬为成虫出现盛期。中午气温较高、阳光充足时成虫活动，清晨及夜间多静伏，9月下旬开始越冬。除草莓外，盲蝽还可为害梨、杏、桃、苹果、石榴、柿、大豆等多种植物。

3. 防治方法

(1) 农业防治。 清除草莓园地内外杂草、杂树，消灭盲蝽寄主。结合田间管理摘除卵块和捕杀群集若虫。

(2) 物理防治。 发生虫害严重的小片园地，应在春秋季进行人工捕杀。也可以捕杀越冬成虫，成虫冬季群聚在背风向阳的草丛、房檐、墙缝、门窗缝以及枯枝落叶内，方便集中捕杀。

(3) 化学防治。 在越冬成虫出蛰结束期和低龄若虫期喷40%乐果乳油500倍液或90%敌百虫可溶性粉剂1 500倍液、2.5%溴氰菊酯乳油1 500倍液、2.5%氯氟氰菊酯乳油1 000倍液、20%甲氰菊酯乳油3 000倍液等，均有较好效果。

(五) 斜纹夜蛾

斜纹叶蛾又称莲纹夜蛾、莲纹夜盗蛾。

1. 为害状

我国各地均有分布，以幼虫取食草莓叶片、花蕾、花及果实。初龄幼虫聚集在叶片背面取食为害，受害叶片仅残留上表皮和叶脉。3龄后分散为害，叶片被啃食出孔洞和缺刻，严重时整叶被吃光。

2. 生活习性

我国华北地区1年发生4～5代，长江流域5～6代，福建6～9代。广东、广西、福建、台湾地区可全年繁殖，无越冬。长江流域多在7—8月发生严重，黄河流域多在8—9月发生严重。成虫夜间活动，有趋光性，对糖醋酒液有趋性。卵多产于植株中部叶片背面的叶脉分叉处。初孵幼虫群集取食。3龄前仅食叶肉，残留上表皮及叶脉。4龄后进入暴食期，多在傍晚为害。老熟幼虫在根际表土 1～2 cm 内做土室化蛹，土壤板结时可在枯叶下化蛹。

3. 防治方法

(1) 农业防治。注意清除田间杂草，灭卵及初孵化幼虫。

(2) 物理防治。利用其对频谱杀虫灯和性引诱剂的趋性，进行诱集杀灭。人工采卵或捕捉低龄幼虫。

(3) 化学防治。掌握在 3 龄前局部发生阶段挑治。用 5%氟啶脲乳油 1 000 倍液，或 5%氟虫脲乳油 2 000～2 500 倍液，或 2.5%多杀霉素悬浮剂 1 000 倍液，或 5%氟氯氰菊酯乳油 2 000 倍液，或 10%吡虫啉可湿性粉剂 1 500 倍液，或 25%灭幼脲悬浮剂 2 000 倍液喷施。用药时间最好选在傍晚。

(六) 象鼻虫

象鼻虫又称象甲，属鞘翅目，象鼻虫科。

1. 为害状

全世界记述的象鼻虫种类超过 6 万种。我国各地都有象鼻虫分布，因气候、植被等自然条件不同，象鼻虫的种类也有差异。其中为害草莓的有大灰象和蒙古土象等多种象鼻虫。象鼻虫都是植食性的，食性复杂，可取食植物的根、茎、叶、果实、种子、幼芽和嫩梢。一般春季为害草莓叶片和花，在花蕾中产卵后，咬伤花梗，使花蕾萎蔫干枯，造成减产。

2. 生活习性

象鼻虫性情迟钝，行动迟缓，具有假死性。无明显的趋光性和趋化性。多数象鼻虫 1 年发生 1 代，有些是 2 年 1 代，还有些 1 年发生数代，多数以成虫越冬。

3. 防治方法

(1) 农业防治。早春清除枯叶、老叶、杂草，消灭越冬成虫。及时摘除、烧毁受害花蕾，发现成虫及时捕杀。对计划栽培草莓的地块，秋

季或翌年春季灌溉一次，利用象鼻虫怕水浸的习性，将其淹死或推迟其出土为害期。

（2）物理防治。结合田间操作，发现成虫后人工捕杀。

（3）化学防治。早春地膜内发现成虫时，可用80%敌敌畏乳油100倍液，用注射器注入膜下，用药量8 mL/m²，杀灭成虫效果好。还可以用20%氰戊菊酯乳油3 000倍液喷雾防治成虫。

（七）野蛞蝓

1. 为害状

野蛞蝓分布广泛，我国北方的温室、大棚内时有发生，南方地区常有发生。野蛞蝓以成虫和幼虫取食植物幼嫩叶片和幼茎，其排泄物污染寄主叶面，常引起弱寄生菌的侵入，造成寄主叶片坏死腐烂。

2. 生活习性

野蛞蝓以成体和幼体在作物根部的潮湿土壤中越冬。当春季日平均气温达到10 ℃时，在田间大量活动为害，夏季活动减弱，秋季活动又复频繁。野蛞蝓雌雄同体，可进行异体受精或同体受精繁殖。卵散产于湿润、隐蔽的土壤缝隙中，卵期16～17 d，孵化至性成熟约55 d，完成1代约250 d。野蛞蝓畏光怕热，一般早晚或夜间活动为害，白天隐蔽在阴凉潮湿的土壤缝隙和杂草丛中，阴雨天或夜晚有露水时活动最盛，为害严重。

3. 防治方法

（1）农业防治。采用高畦栽培、地膜覆盖、破膜提苗等方法，可减少虫害。施用充分腐熟的有机肥，创造不适于野蛞蝓发生和生存的条件。铲除田间杂草，以减少野蛞蝓的食物来源。清除设施内的垃圾、砖头、瓦片等物，减少野蛞蝓的躲藏之处。在作物收获后，浇水灭杀野蛞蝓。

（2）物理防治。在设施内栽苗前，可用新鲜的杂草、树叶、菜叶等堆放在田间，天亮前集中捕捉，将其投入放有食盐或生石灰的盆内，可使野蛞蝓很快死亡。

(3) 化学防治。可将10%四聚乙醛颗粒剂拌入鲜草中，用药量为鲜草量的1/10，拌匀制成毒饵，撒在地里，以诱杀野蛞蝓。每亩用5～7.5 kg生石灰，撒于地头及作物行间，保苗效果好。用1%食盐水，在下午4时以后或清晨野蛞蝓未入土前，全株喷洒。每亩用6%四聚乙醛颗粒剂250～500 g撒施，或条施、点施，施药后不宜浇水或进入田间踩踏。

(八) 蛴螬

1. 为害状

蛴螬是鞘翅目金龟甲总科幼虫的总称，其成虫通称为金龟子，我国为害草莓的主要有华北大黑鳃金龟、暗黑鳃金龟等多种金龟子的幼虫。该类害虫分布广，华北大黑鳃金龟分布在华北地区，为长江流域及其以北旱作区的重要地下害虫。暗黑鳃金龟除西藏、新疆外，我国其他地区均有分布。蛴螬为害严重，食性很杂，不仅为害草莓，也为害多种蔬菜及其他作物。蛴螬常咬食草莓的幼根、新茎，造成植株死亡。

2. 生活习性

蛴螬1年发生1代，以末龄幼虫在土壤中越冬。该虫喜欢聚集在有机质含量多、含水量适宜的土壤中活动为害。蛴螬活动的适宜土温平均为13～18 ℃，高于23 ℃逐渐向下层土壤转移，到秋季土温下降再向上层转移，所以春秋季蛴螬为害重。成虫喜欢在厩肥上产卵，故施用厩肥多的地块发生严重。

3. 防治方法

(1) 农业防治。避免施用未腐熟的厩肥，减少成虫产卵。

(2) 物理防治。幼虫咬食根、茎后，中午前后植株发生萎蔫，在其侧挖开便可将幼虫消灭。成虫可用黑光灯诱杀，也可在草莓园旁点火堆诱杀。

（九）地老虎

1. 为害状

地老虎俗称地蚕，是鳞翅目夜蛾科中的一类害虫。我国常见的有小地老虎、黄地老虎和大地老虎，其中以小地老虎分布普遍。地老虎属杂食性害虫，以幼虫为害草莓，幼龄幼虫为害不明显，3 龄以上幼虫白天潜伏在杂草或 7 cm 以上的表土层中，傍晚或夜间到地面为害，常咬食草莓新茎嫩尖、根茎，使植株萎蔫死亡，或食叶片，或把果实咬出小洞，失去商品价值。

2. 生活习性

温度越高，地老虎为害越重。小地老虎在我国北方不能越冬，成虫有远距离迁飞习性，北方第一代的发生数量与南方虫源迁入量有关。

3. 防治方法

（1）物理防治。清除草莓老叶及杂草，消灭叶背面和杂草上的卵及幼虫，结合锄草进行人工捕杀。酒、水、糖、醋按 1∶2∶3∶4 的比例配成糖醋液，加入适量敌敌畏，放入盆中，每 5 d 补加半量诱液，10 d 换全量，诱杀地老虎成虫。

（2）生物防治。保护利用蟾蜍、青蛙、蜘蛛等天敌。

（十）蝼蛄

1. 为害状

蝼蛄食性很杂，各种植物均受其为害。成虫和若虫都在土中咬食播下的种子、幼芽和幼根，为害草莓主要是把根茎咬断，使植株凋萎死亡。

2. 生活习性

蝼蛄以成虫或若虫在冻土层下越冬，翌年 3 月下旬或 4 月上旬随地温升高而向上移动，4 月上中旬时入表土层活动取食为害，5—6 月为活动为害高峰，6 月下旬至 8 月上旬为蝼蛄越夏产卵期，到 9 月上旬以后大批若虫和新羽化的成虫从地下较深土层迁移到地表活动，形成秋季为害高峰，10月中旬以后随气温降低蝼蛄陆续入土越冬。蝼蛄喜欢潮湿的环境，在有机质含量高和低洼潮湿的地块发生严重。蝼蛄具有趋光性。

3. 防治方法

采用物理防治方法，利用蝼蛄成虫趋光性强的特点，可以用黑光灯诱杀。春季利用蝼蛄喜在地表建造虚土堆的特点，查找虫窝，顺窝挖下，即可找到蝼蛄。毒饵毒杀，在草莓园内挖长、宽、深为 30 cm×30 cm×20 cm 的坑，内装马粪，诱杀蝼蛄。

（十一）叶甲

1. 为害状

为害草莓的叶甲主要有褐背小萤叶甲和草莓蓝跳甲。幼虫最初食用叶背叶肉，长大后直接食嫩叶，花瓣、花蕾、嫩果均可食用。受害植株叶上留下不规则孔洞，植株生长受抑制，严重时一二十头成虫群集在中下层叶柄或匍匐茎上，咬出许多洞孔吸取水分，使之凋萎折断。连作田越冬成虫多，受害严重，缺肥田叶片小而薄，肥水过多时叶片嫩弱，受害较重，重害田叶片几乎被吃光。

2. 生活习性

两种叶甲均以成虫在枯枝落叶及表土层中越冬，3月中旬开始活动取食，在嗜食危害的同时，常产卵于叶片背面。夏天个体数少，秋季数量增加。

3. 防治方法

（1）农业防治。应避免种苗传带，抓好繁育圃和假植圃的灭虫工作，尽量将害虫消灭在定植前。在春季产卵盛期，一般在5月，把草莓植株底部的枯黄老叶摘除烧毁，以消灭大量卵块，减少虫源。

（2）化学防治。应选用中、低毒性的无公害杀虫剂。可用40%毒死蜱乳油 20 mL 加 4.5%高效氯氰菊酯乳油 10 mL，兑水15 kg喷洒。

第七章 果实采收与商品化处理

由于草莓成熟期短，耐贮性差，销售期及供应加工时间短，目前尚未有较好的方法解决贮运流通等环节的保鲜问题，因而草莓果实大多被限制在本地区销售。并且草莓成熟期较集中，致使大量果实来不及采收或者采收后来不及售出而腐烂，造成严重的资源浪费和种植户的经济损失，极大地限制了草莓产业的发展和产品附加值的提高。因此，延长草莓果实的贮藏期或货架寿命，成为草莓产业发展中亟待解决的问题。草莓的采收与商品化处理是一门综合技术，从采收的成熟度、时间，到贮藏保鲜、加工技术的选择，再到包装、库内管理、运输、销售等环节都影响着草莓贮藏保鲜质量的优劣。要提高贮藏保鲜的周期，就应从采收管理、贮藏保鲜技术、加工的全程监督与管理3个方面对其进行系统化的管控，才能从根本上提高草莓的贮藏保鲜质量。

草莓消费以鲜果消费为主，主要大中城市对草莓鲜果消费需求旺盛，具有广阔的市场前景。鲜果草莓的流通主要以“产地—超市—消费者”“产地—批发市场—零售终端—消费者”以及“草莓种植户—消费者”等流通方式来实现。目前，对草莓的研究多是采后处理、果实加工等方面，对草莓鲜果贮藏保鲜技术的研究较少，我国的鲜果产品总体竞争力远不及国外，严重制约了草莓产业的发展。低温、涂膜和化学保鲜技术是国内外学者研究较多，也是目前推广应用比较成熟的草莓贮藏保鲜方法，而关于采后草莓果实气调保鲜技术的研究较少，虽然有关新型保鲜剂处理的保藏方法也已初露头角，但草莓鲜果保鲜贮藏技术的发展仍不能满足草莓商品化的需求。

为满足市场对草莓鲜果的旺盛需求，首先应从品种选择和栽培管理的角度出发，筛选具有较强耐贮性的优良品种进行无公害设施化栽培。

然后通过有效可靠的预处理，如辐照处理、采后热处理、植物天然提取物处理以及气调保鲜技术对草莓鲜果进行贮藏保鲜。最后建立从田间到餐桌的低温冷链贮运技术流程和质量保证体系，并在低温货架柜内进行销售，从而延长草莓果实的贮藏时间，保证贮藏品质，提高草莓鲜果产品的市场竞争力。只有加大对草莓鲜果产品的研发力度，才能让草莓产业继续健康有序发展。

一、果实采收

遗传因素和环境因素均影响着草莓鲜果的产量和品质，也影响其贮藏寿命。不同草莓品种之间的耐贮性有很大的差异。通常戈雷拉、宝交早生、硕丰、硕密等品种较耐贮藏，而四季草莓品种耐贮性很差。尽管草莓的果实质量主要是由遗传因素决定的，但气候、灌溉、土壤、肥料、温度、栽培管理、采收和采后处理等因素也能影响其果实的品质与耐贮性。

（一）采收标准

草莓果实成熟的显著特征是果实着色，判断成熟与否的标志是着色面积与软化程度。确定草莓适宜采收的成熟度要根据品种、用途和距销售市场的远近等条件综合考虑。一般而言，果实表面着色达到70%以上时进行采收，用作鲜食的以八成熟采收为宜，硬肉型品种以果实接近全红时采收为宜，供加工果酱、饮料的要求果实糖分和香味达到一定水平，可适当晚收。远距离销售时，以七、八成熟采收为宜，就近销售的在全熟时采收，但不宜过熟。草莓采前3～5 d严禁灌水，尽量避开高温时期采收。采摘时，用小剪刀或指甲掐断果柄即可。

（二）采收方法

由于草莓同一个果穗中各级序果成熟期不同，所以必须分期采收。

刚采收时，每隔1～2 d采收1次，采果盛期，每天采收1次。采收时间最好在清晨露水干后，上午11时之前或傍晚天气转凉后进行，中午前后气温较高，果实的硬度较小，果梗变软，不但采摘费工，而且易碰破果皮，果实不易保存，易腐烂变质。采收时必须轻摘轻放，切勿用手握住果使劲拉，采收时注意要连同花萼自果柄处摘下，不损伤萼片，要避免手指与果实的接触。采摘的果实要求果柄短，不损伤花萼，无机械损伤，无病虫害，果形端正，大小均匀，果品清洁，色泽鲜艳，硬度高。采摘过程中必须对草莓果实进行有效的分级，即将畸形果、病虫果、受伤果、过熟果、烂果剔除，保证果实大小、形状、成熟度、新鲜程度等的一致性。分级标准可参照《草莓等级规格》（NY/T 1789—2009）执行。把果实轻轻放在特制的果盘里，果盘大小以90 cm×60 cm×15 cm为宜，装满草莓的果盘可装入聚乙烯薄膜袋中密封，及时送冷库冷藏。倘若无特制果盘也可采用高度在10 cm内的有孔筐放置草莓，此时注意不要翻动果实，以免碰伤果皮，造成果实存放时间缩短。刚采下的草莓果实应放至阴凉通风处进行散热。不同品种草莓果实成熟期不一致，单个品种采收期通常可持续3周，必须每天或隔天将成熟果一次性采尽，避免过熟腐烂并波及其他果实。

二、采后处理

（一）贮藏前温度预处理

温度是影响果实生理代谢过程与贮藏寿命的重要因子。近年来，随着人们对绿色食品需求意识的增强，贮藏前温度预处理作为一种安全、无公害的水果保鲜技术日益引起人们的关注。预冷处理在草莓的贮藏保鲜应用上相当普遍。许多研究表明，果实采后的预冷处理，可以明显延长草莓贮藏期。冷风冷却是目前使用较为方便，应用范围较广的冷却方式，而使用冷水冷却，草莓之间往往容易发生交叉感染病害的现象。真空预冷是目前最快的冷却方法，草莓采用真空预冷，可在15～20 min

内将果温从 30 ℃降低到 2 ℃左右。由此看出，预冷处理是草莓进行短期贮藏的有效方式。

贮藏前热处理可明显抑制草莓贮藏过程中的软化和腐烂，延长草莓果实的货架期。热处理抑制草莓腐烂是由于加热直接使病原菌失活，同时加热诱导果实产生内源抗菌物质。以全明星草莓品种为试材，分别置于 35 ℃、38 ℃、42 ℃的恒温水浴中处理 24 h，然后转至（25±2)℃的室温下贮藏。试验表明热处理可降低果实腐烂指数，改善品质，延缓超氧化物歧化酶（SOD）活性的下降，维持较高的过氧化物酶（POD）活性，降低膜脂过氧化程度。通过适宜温度的热处理（38 ℃、30 min→50 ℃、10 min）后于 5 ℃贮藏，贮前的热处理再结合低温冷藏，保鲜效果更佳，能显著提高草莓的贮藏品质、延长贮期。在热处理的温度和时间上，不同草莓品种之间也有区别。

（二）臭氧处理

臭氧处理可以有效抑制草莓果实的腐烂，延长保鲜期。采后丰香草莓果实用浓度为 20 mg/m^3 的臭氧进行处理后进入冷库 0 ℃低温贮藏，可使草莓果实的保鲜期延长到 30 d，好果率达到 86%。草莓果实经浓度 120 mg/m^{3}的臭氧处理 3 min，然后在温度为 5 ℃的环境中贮藏，可有效抑制草莓果实的腐烂和微生物的繁殖，延缓草莓果实硬度和可溶性固形物含量的降低。利用臭氧处理结合低温贮藏方法保鲜草莓的过程中发现，在温度（2.0±1.0)℃的贮藏环境中，每隔 3 d 采用浓度 300 mg/m^3 的臭氧处理草莓果实 0.5 h，能有效保持果实可溶性固形物含量和可滴定酸含量稳定，降低果实呼吸强度和腐烂率，较好地保证草莓果实硬度。

（三）热空气处理

采后贮前热空气处理可延缓草莓果实软化的速度，抑制果实成熟，控制某些生理病害的发生，防止果实腐烂。但热空气处理对草莓果实保鲜的作用效果，不同研究者的报道差异较大。3 种不同温度（35 ℃，

40 ℃，45 ℃）的热空气和不同时间（10 min，15 min，20 min）处理对草莓果实贮藏期的生理和品质的影响表明，热空气处理可保持草莓果实贮藏过程中的色泽、气味、硬度，降低其呼吸强度，减少草莓果实中糖和酸的损失，延缓草莓组织衰老。其中以 45 ℃热空气处理 10 min 保鲜效果最好。草莓果实贮前在 50 ℃生化培养箱预热处理 30 min 后置于 0 ℃温度下贮藏，可有效地抑制草莓的呼吸强度、减少水分散失、延缓组织衰老，贮藏期可延长至 20 d。

三、贮藏保鲜技术

草莓采后贮藏保鲜技术的研究很多，主要是运用物理或化学的方法，来抑制或延缓草莓果实的衰老和腐烂。经过多年研究和实践，目前国内外草莓保鲜常用的方法主要有：低温贮藏、辐射贮藏、气调贮藏、薄膜包装、化学保鲜和生物涂膜保鲜等。

（一）低温保鲜

由于低温可以降低果实的呼吸强度，延缓果实衰老和腐烂，所以冷库贮藏已经广泛应用于草莓的采后保鲜。一般认为草莓果实的适宜贮藏温度为 0 ℃，适宜空气相对湿度为 90%～95%。研究发现，近冰点温度贮藏采后草莓果实，能显著降低果实呼吸代谢，极大地抑制微生物生长繁殖，延长草莓果实保鲜期。草莓果实装箱后，在冷藏期间要交叉码箱，并保留一定空隙，使冷风与果实的呼吸热充分地交换，确保草莓果实处于适宜的贮藏环境中。另一种低温贮藏方式是速冻贮藏，采用快速冷冻的方法使果实冻结，然后在－18 ℃以下的低温中保存。速冻是果蔬贮藏保鲜的一种有效方法，通过快速降温，细胞内的水分变成细小的冰晶，细胞体可保持完整而不受损伤，解冻后果实营养物质流失少，外观和口感与新鲜果实差异不显著。速冻贮藏是一种长期保存草莓果实，维持其风味和营养物质的较为理想的方法。对速冻后分别贮藏在

－18 ℃及－75 ℃两种温度下的草莓进行品质测定，结果表明，速冻草莓在较低温度下贮藏可最大限度地保持草莓原有品质，速冻贮藏的期限可达 18 个月以上。但创造较低的贮藏温度将花费甚巨，所以其应用范围受到了限制。

（二）气调贮藏

气调贮藏是一种由人工控制食品贮藏环境中的气体成分和浓度以延长食品贮藏期的保鲜方法。草莓气调贮藏是研究较多的保鲜技术之一。草莓气调贮藏技术主要包括高 CO_2、纯氧和纯氮贮藏。草莓可忍受较高浓度的 CO_2，10%～20%的高浓度 CO_2 环境可明显降低草莓的腐烂率并不产生异味，在 30% CO_2 浓度环境下贮藏的草莓虽有异味，但回到空气中存放时异味可以消除，对其商品性影响不大。贮藏草莓适宜的 O_2 浓度为 3%～5%。据报道，在 60% O_2＋1.5% CO_2 的气调条件下，草莓果实的腐烂指数较低，可维持硬度、维生素 C 含量、可溶性固形物含量和可滴定酸含量不剧烈下降，在（5±1）℃冷藏条件下，可延长草莓货架期至 22 d。在（2±1）℃贮藏条件下高氧气调（30% O_2＋6% CO_2）和低氧气调（2.5% O_2＋16% CO_2）对草莓果实贮藏效果的影响表明，高氧气调能抑制草莓果实糖、酸、叶绿素和维生素 C 的降解，降低腐烂率，延长货架期 10～15 d。在自发气调技术的研究上，利用低密度聚乙烯（LDPE）和聚氯乙烯（PVC）复合膜包装草莓，包装内充入 2.5% O_2＋16% CO_2，能够把草莓的货架期延长 4～6 d。利用高 CO_2 低 O_2 的气调环境并结合臭氧、涂膜处理，也可以达到很好的保鲜效果。目前气调贮藏是较先进的保鲜技术，也是当前发达国家使用较广的技术之一。

（三）化学保鲜

防腐剂可以有效抑制真菌和某些细菌的活性，防止草莓果实腐败变质。新型保鲜剂 1－甲基环丙烯（1－MCP）和 1－甲基－3－（2－甲基环丙基）－1－环丙烯（1－MMCPCP）结合低温贮藏对草莓果实的保鲜效

果表明，1－MMCPCP/Cu－β－环糊精处理较好地保持了草莓果实硬度，而1－MCP/α－环糊精处理对可滴定酸含量、可溶性糖含量和维生素C含量的保持效果较好。草莓果实采用ACE PACK保鲜剂处理，可延缓后熟时间，减轻保鲜期霉变程度，延长货架寿命2～3 d。草莓果实用柠檬烯复合溶液浸泡3 min，能明显减缓果实中维生素C、可滴定酸和可溶性固形物含量的下降，抑制果实的失水和腐烂。

（四）辐照保鲜

辐照保鲜主要利用γ射线、加速电子、X射线穿透有机体时使其中的水和其他物质发生电离，生成游离基或离子的原理，对贮藏的水果起到杀菌、防霉和调节生理生化的效应。草莓果实进行辐照处理，可以抑制草莓腐败，延长货架期，并且保持原有的质地和风味不变。近几年主要研究利用电子束辐照处理草莓果实使其保鲜的技术。以2.0 kGy剂量的电子束辐照接种灰霉病菌酶液的草莓果实，可明显抑制果实相关致病酶的活性，有效控制草莓果实采收后灰霉病的发生。采用2.0 kGy和3.0 kGy剂量的电子束辐照草莓能延长保鲜期2～3 d，且不影响草莓果实的营养品质。2.0～3.5 kGy剂量为草莓果实接受电子束辐照保鲜的有效剂量范围，可使草莓保鲜期延长8～9 d。5.0 kGy剂量辐照虽然能够显著抑制微生物的生长繁殖，但对果实的品质产生一定影响，使其在贮藏期间发生失色、玻璃化现象，失去保鲜意义，因此可作为电子束辐照草莓果实的最高极限剂量。

（五）高分子涂膜

涂膜处理可以使果实表面形成一层保护薄膜，薄膜能够堵塞皮孔，从而减少果实的水分损失。此外，涂膜还能达到抑制呼吸作用、抵御病原菌侵染、避免表皮皱缩、提高产品光泽度、改善外观、保持品质和新鲜度的目的。浓度为2%的壳聚糖涂膜不仅可以使草莓在温度为2℃、空气相对湿度88%的环境中贮藏21 d，在－23℃的环境下贮藏6个月，而且和对照相比，还显著延缓了果实内水分、钙及维生素 E 含量的损失。采用浓度为 1.5%的壳聚糖涂膜处理草莓后，于 20 ℃下贮藏 4 d，果实未发生真菌腐烂，且延缓了果实成熟。另外，涂膜中添加油酸可以进一步增强壳聚糖被膜的抗菌性能与保水性能。研究发现，壳聚糖涂膜在5 ℃和 10 ℃下能够显著地延长草莓采后的货架期，维持果实品质和控制果实腐烂。海藻酸钠涂膜处理对草莓保鲜也有较好的效果。同时，被膜还是防腐物质的良好载体，将防腐物质添加到被膜材料中，然后对草莓果实进行涂膜处理，可以显著提高被膜的抑菌防腐效果。在浓度为 1%的壳聚糖涂膜液中添加纳他霉素，可以显著降低草莓果实的腐烂率，其中含 0.04%纳他霉素的涂膜液防腐效果最好。在大豆蛋白复合膜中添加 0.3%的亚硫酸钠也可以降低草莓果实的腐烂率。9.0 g/mL 的谷蛋白涂膜在延缓冷冻中的草莓失水、保持果实硬度与外观颜色、控制腐烂、维持新鲜口感等方面具有显著效果。4%的甘薯淀粉涂膜可以显著减少草莓的腐烂，4 ℃下可贮藏 14 d。

（六）天然产物防腐保鲜

安全、健康的天然保鲜剂和生物保鲜剂是草莓保鲜的发展方向和研究热点。很多天然植物中含有抗菌活性成分，是作为天然防腐保鲜剂的重要材料。

植酸是一种无毒的天然食品抗氧化剂，天然植酸结合胶红酵母在 4 ℃条件下，20 d 内可以有效抑制草莓果实采后的自然腐烂，将草莓果实放置在 20 ℃下贮藏 5 d，植酸的保鲜效果与对照相比显著提升。以乙醇为提取剂从丁香中提取香料成分，用丁香的乙醇提取液浸渍草莓可明显地降低草莓的呼吸强度，减少水分的蒸发，与对照组相比，减少水分损失 19.5%，腐烂率减少 22.5%，维生素 C 损失减少 40.23%，总酸损失减少 27%，可溶性固形物损失减少 2.90%，显著延缓了果实在贮藏期间的品质下降，延长了草莓的货架期。用 1.25%浓度的壳聚糖和石榴皮提取物复合溶液对草莓进行浸泡处理，可降低草莓果实的质量损

失、软化腐烂和 MDA 含量，延缓果实可滴定酸、可溶性固形物和维生素 C 含量的下降，可使在室温下放置的草莓保鲜期延长 1～2 d。大豆分离蛋白薄膜能够明显减弱草莓的蒸腾作用，降低烂果率并抑制其呼吸强度，延长果实的采后货架期。植物精油对草莓病原菌也表现出良好的抑菌作用，如用壳聚糖和柠檬精油涂膜处理采后草莓，可使果实贮藏期间的腐烂率大幅度下降，但对果实的硬度、糖度、酸度和总酚含量没有影响。植物精油安全可靠、使用便捷的特点，使得其在草莓贮藏保鲜中极具应用和研究价值。

四、果实的商品化处理

（一）挑选、清洗与预冷

1. 挑选

去除烂果、病果、畸形果，选择着色、大小均匀一致、果蒂完整的草莓果实。

2. 清洗

用草莓清洗机清洗后，用 0.05％高锰酸钾水溶液漂洗30～60 s，再用清水漂洗后沥去水分。

3. 预冷

预冷应在草莓采收后尽早进行，缩短采收、分级、包装的时间。预冷时应注意，收获后应尽快放进冷藏库，数量多时要做到边收获边入库。库内收获专用箱成列摞起排放，两列之间间距应大于15 cm。库内冷风直接吹到的部位不宜放置收获箱，以防草莓果实受冻。库内湿度要保持在 90％以上，温度保持在 5 ℃左右，不要降至 3 ℃以下，4—5 月气温升高，库内温度则可维持在 7～8 ℃，适当提高温度可减少草莓装盒时结露。入库后 2 h 尽量不开闭库门。收获时如草莓果实温度达 15 ℃左右，一般要在预冷库内放置 2 h 以上，才能使草莓果降到 5 ℃左右。如草莓果实温度达 20 ℃左右，则要在预冷库放置 2～4 h。

（二）果实分级

为便于采后分级和避免多次倒箱，采收时可分人进行定级采收，前面的人采大果，中间的人采中果，后面的人采小果或等外果，也可每人带 2～3 个容器，把不同级别的果实分开采收。分级标准除外观、果形、色泽等基本要求外，主要依果实大小而定。大果型品种≥25 g 为一级果、≥20 g 为二级果、≥15 g 为三级果，中果型、小果型品种依以上标准每级别单果重降低 5 g。

（三）包装与标志

草莓的包装要以小包为基础，大小包装配套。包装容器主要有纸箱、塑料箱、泡沫箱等，规格大小根据运输远近、销售市场等灵活更改。

采用适宜的包装方法对采后草莓果实进行保鲜包装，可改善包装内部气体组成，抑制水分蒸发，延缓果实后熟，防止微生物侵染，提高保鲜效果。草莓果实单果包装后放入纸箱或者塑料箱等，应按上下两层摆放，中间用较柔软的纸或填充物隔开，防止搬运时造成机械损伤。4 ℃贮藏条件下，与普通 LDPE 薄膜包装相比，纳米二氧化钛改性 LDPE 薄膜可抑制草莓果实腐烂指数和失重率的上升，延缓硬度的下降，保证果实在贮藏后期具有较高的抗坏血酸和总酚含量，以及较高的抗氧化能力。使用浓度为 10%的聚乙烯醇（PVA）、浓度为 2%的丁香精油以及浓度为 0.5%聚山梨酯- 80 配制成湿敏型缓释保鲜剂涂抹在瓦楞纸箱内表面，制成湿敏型保鲜纸箱常温贮藏采后草莓果实，可以较好地维持果实的外观品质，使贮藏期延长 3 d。

（四）贮藏保鲜

草莓是难贮藏的水果，最好随采随销，临时运输有困难的，可将包装好的草莓放入通风凉爽的库房内暂时贮藏，包装箱要摆放在货架上，

不要就地堆放。为了使果实采收后贮藏和运输中保持其新鲜度和品质，仍需采取适宜的保鲜方法，如低温保鲜、气调贮藏、化学保鲜、辐照保鲜、高分子涂膜、天然产物防腐保鲜等。

（五）速冻

速冻就是利用−25 ℃以下的低温，使草莓在极短的时间内迅速冻结，从而达到保鲜的目的。草莓速冻后可以保持果实的形状、新鲜度、自然色泽、风味和营养成分不变，而且工艺简单，清洁卫生，既能长期贮藏，又可远运外销。因此，速冻草莓是一种较好的保鲜方法。

草莓速冻对原料有一定的要求。速冻保鲜必须选择适于速冻的草莓品种作为原料，一般要求选用果实品质优良，匀称整齐，果肉红色，硬度大，有香味和酸度，果萼易脱落的品种。用于速冻的草莓成熟度必须一致。果实的成熟度为八成熟时比较适合速冻，即果面80%着色，香味充分显现出来，这样的果实速冻后色、香、味保持良好，无异味。速冻草莓必须保证原料新鲜，采摘当天即应进行处理或放在0～5 ℃的冷库内暂时保存，尽快处理。速冻要选用均匀一致的整齐果，单果重为8～12 g，果实横径不小于2 cm，过大过小均不合适。因此，大果型品种，一般选用二级序果及三级序果进行速冻，最先成熟的一级序果往往较大，可用作供应鲜食市场。

1. 速冻工艺流程

验收→洗果→消毒→淋洗→除萼→选剔→水洗→控水→称重→加糖→摆盘→速冻→装袋→密封→装箱→冻藏→解冻。

2. 操作要点

① 选果及去萼片。选择果形端正、大小适中、八成熟果实，用小刀将果柄及萼片削除。

② 洗果及消毒。将草莓放在有排水口的池中冲洗。可用圆木棒轻轻搅动，但木棒不要伸至池底，以免将下沉的泥沙搅起。洗后再用0.02 %～0.05 %高锰酸钾水溶液浸洗4～5 min，然后再用清水漂洗1～

2 次。

③ 摆盘及速冻。摆盘前要将果实表面的水分控干，或用吹风机吹干，以免果实表面带水发生黏连。将果实平整地摆放在盘子里进行速冻，有的在速冻前还加糖。速冻时要使温度保持在－25 ℃以下，直到果心温度达到－15 ℃。

④ 包装及冷藏。若用于鲜销，可采用小包装，每盒（或袋）0.5～1.0 kg。若用于远销或加工，每盒（或袋）装 7.5 kg，每箱装 2 盒。将包装好的草莓送入冷藏库，在库温－18 ℃条件下可冷藏 12～18 个月。

3. 解冻

速冻草莓在 5 ℃～10 ℃下缓慢解冻 80～90 min，其品质最佳，细胞出水少，能保持良好口感。解冻后应立即食用，若解冻后放置较长时间，会导致果实品质下降。

（六）运输

草莓最好用冷藏车运输，如用带篷卡车在清晨或傍晚气温较低时装卸和运输，运输中要采用小纸箱包装，最好内垫塑料薄膜袋，充入 10%的 CO_2，草莓运输中应轻装轻放，防止碰撞和挤压，运输工具必须整洁，并有防日晒、防冻和防雨淋的设施。

第八章 加工技术

一、草莓汁

（一）工艺流程

原料→选择→清洗→破碎→酶处理→榨汁→粗滤→脱气→预热→酶处理→澄清→过滤→调配→杀菌→装罐→密封→冷却。

（二）操作要点

1. 原料选择及清洗

选用新鲜良好、成熟度稍高、出汁率高的草莓为原料。剔除病虫害果及腐烂果，去除花托、果柄及其他杂物。清水冲洗 3～5 min，注意冲洗水流缓急适度，避免果皮受损。

2. 酶处理

首先将草莓破碎，然后加入果胶酶以提高出汁率。酶处理温度 40～42 ℃，时间 1～2 h。果胶酶加入量为果浆重的 0.05%。

3. 榨汁

在果浆中加入 3%～10%的助滤剂。常用助滤剂为棉籽壳。榨汁后经粗滤去除悬浮物质。

4. 脱气

用真空脱气机脱气。

5. 酶处理

添加一定量果胶酶制剂，搅拌均匀后，静置 2～4 h。待自然澄清后将上清液过滤，以获得澄清的草莓汁。

6. 调配

用糖液与柠檬酸液调整果汁糖酸含量，使糖分含量达11%～12%，总酸量为0.79%，添加0.1%的苯甲酸钠。

7. 杀菌

采用高温短时杀菌较好，条件为121 ℃、10 s。或者用巴氏杀菌法，76～82 ℃、20～30 min。

8. 装罐密封

可用玻璃瓶包装，也可用抗酸涂料罐包装，还可用塑料桶装。包装后迅速密封，快速冷却到40 ℃以下。

（三）成品特点

草莓汁呈紫红色，色泽均匀，具有草莓汁应有的风味，酸甜适口。汁液澄清透明，含糖量为11%～12%，含酸量为0.79%。

二、草莓酒

（一）草莓发酵酒

1. 工艺流程

原料选择→破碎→调配→主发酵→分离→装瓶→杀菌→冷却→成品。

2. 工艺要点

① 原料选择及清洗。选择成熟度高、新鲜、无病虫害的好果为原料。用清水冲洗干净，剔除杂物。

② 破碎。破碎时加入70×10^{-6}～80×10^{-6} mg/L的二氧化硫。

③ 调配。加砂糖量为果浆的5%～6%，使果浆含糖量达12%以上。

④ 主发酵。添加占果浆重5%～6%的酵母于果浆中。发酵温度为22～26 ℃，时间3～5 d。

⑤ 分离。酒精度达7%，残糖含量降到3%～5%时进行分离，其

中分离的汁液加糖 5%～7%。用 95%的食用酒精调整酒精度为 10%，然后进行后发酵。后发酵温度为 18～22 ℃，时间为 25～30 d，当酒精度达 13.5%～14.5%，残糖含量达 0.5%以下时，即可贮藏、调配，使含糖量为 15%～18%，酒精度为 16%。

⑥ 过滤。每 100 kg 草莓酒加 4～5 个鸡蛋的蛋清、盐20 g，冷冻至 1 ℃，15 d 后过滤。

⑦ 装瓶、杀菌。注意不能装太满。杀菌常采用巴氏杀菌，70 ℃，20 min，然后冷却。

（二）草莓配制酒

1. 工艺流程

原料选择→洗涤→破碎、榨汁→过滤→调配→装瓶。

2. 工艺要点

① 原料选择及洗涤。选择充分成熟、无病虫害的新鲜草莓做原料。清水冲洗干净。

② 破碎、榨汁及澄清。同草莓汁。

③ 调配。在 100 L 草莓汁中加入 24 g 焦亚硫酸钾、22 L 96%食用酒精，搅拌均匀，密封贮藏 2 个月。

④ 过滤、装瓶。

三、草莓酱

（一）原料要求

选择果酸含量高、香味浓、大果型、新鲜熟透的果实为原料。

（二）工艺流程

原料选择→处理→配料→热汤和浓缩→装罐→密封→杀菌→冷却→擦罐→成品。

（三）工艺要点

1. 原料选择

选用果胶和果酸含量高的品种，要求以大果型、果面呈红色或浅红色、八九成熟、风味纯正的草莓做原料。

2. 原料处理

用清水浸泡、冲洗或用漂白粉溶液浸泡，清洗干净，除去草莓的果蒂、果梗和杂物。

3. 配料

① 高糖草莓酱配料为草莓 100 kg、白砂糖 120 kg、柠檬酸 300 g、山梨酸 75 g。

② 低糖草莓酱配料为草莓 100 kg、白砂糖70 kg、柠檬酸 800 g、山梨酸适量。

③ 柠檬酸的用量可根据草莓的含酸量进行调整，白砂糖使用前应配成浓度为 75%的糖液，柠檬酸和山梨酸使用前用少量水溶解。

4. 热汤和浓缩

将配好的 75%糖液的一半装入夹层锅内，煮沸后放入草莓，继续加热，使草莓充分软化，然后向夹层锅中加入剩余的糖液，以及柠檬液和山梨酸液，继续加热，直至可溶性固形物含量达到 66.4%～67.0%时出锅。也可采用真空泵，使真空度达到 80 kPa 以上，浓缩至可溶性固形物为 63%以上时，关闭真空泵，破除真空，并将蒸汽压提高到 245 kPa进行加热，当草莓酱温度达到 98～102 ℃时停止加热，然后出锅。搅拌时要顺着同一个方向进行。

5. 装罐

出锅后的草莓酱要在 20 min 内装完，一般装入已消毒的玻璃瓶中。

6. 密封

趁热加盖密封，此时草莓酱温度不低于 70 ℃。

7. 杀菌、冷却

在沸水中将草莓酱瓶煮 10 min，杀菌后分段冷却，以防玻璃瓶爆

碎。然后擦瓶、贴标签、检验，入库即为成品。

（四）成品特点

成品为浓稠状并保持部分果块，紫红色或褐红色，有光泽，颜色均匀一致，无糖结晶，无果梗、萼片等杂物，总糖含量不低于57%，可溶性固形物含量不低于65%，无焦糊及其他异味，酸甜适口，具有良好的草莓风味。

四、草莓蜜饯

草莓蜜饯是人们喜食的水果制品之一。制作草莓蜜饯的原料品种应具有色泽深红、质地致密、硬度大、果形完整、有韧性、耐煮制和汁液较少等特性。

（一）工艺流程

原料选择→去果柄、萼片→清洗→护色及硬化处理→漂洗→糖渍→糖煮→再糖渍→装缸→排气密封→杀菌、冷却→成品。

（二）工艺要点

1. 选料及去果柄、萼片

选择无病无虫咬食、果形整齐、色泽红润的适宜草莓品种，去掉果柄和萼片，然后进行清洗。

2. 护色及硬化处理

可将洗好的草莓放在浓度为0.1%～0.7%的钙盐和亚硫酸盐溶液中浸泡，浸泡时间依据草莓的成熟度而决定，一般控制在5～8 h为好。也可利用抽空处理，将清水洗好的草莓放在一定浓度的稀糖液中，在86.6～90 kPa的真空条件下抽20～30 min，当温度为40～50 ℃时，草莓中的空气排出，加速渗糖，果肉饱满透明。以上两种方法对保持成品色泽、透明度及饱满度均有良好效果，抽空处理可使维生素C保存率提高4.8%，并且可缩短糖煮时间。

3. 漂洗

采用第一种方法护色，硬化处理后需要用清水漂洗，以去除过多的药液。

4. 糖渍、糖煮

将上述处理的草莓，放在一定浓度的稀糖液中浸渍10～12 h，然后将草莓捞出，再加热提高糖液浓度，加入适量柠檬酸调整pH，然后将捞出的草莓倒入此糖液中浸渍18～24 h。如此反复两次，最后连同草莓和糖液再加糖煮制，待汁液可溶性固形物含量达到65%时，将果实捞出，糖液过滤再用。

5. 装罐

将捞出的草莓装入已消毒的罐内，注入过滤后的热糖液。

6. 排气密封

装罐后，加热排气，加热至罐中心温度为70～80 ℃时，保持5～10 min，立即密封。

7. 杀菌、冷却

在沸水中杀菌10～20 min后，分段冷却至38～40 ℃，经过保温处理，检验合格即为成品入库。

（三）成品特点

成品色泽艳丽、甜中带微酸、美味可口。

五、草莓罐头

（一）工艺流程

原料选择→除果柄、萼片→清洗→烫漂→装罐→排气→密封→杀

菌→冷却→成品。

（二）加工要点

1. 原料选择

剔除未熟、过熟、病虫果、烂果后，选择果实颜色深红，硬度较大，种子少而小，大小均匀，香味浓郁的品种。这样制成的罐头，果实红色，果形完整，具韧性，汁液透明鲜红，风味浓，酸甜适口。

2. 清洗、烫漂

将选好的果实，用流动清水冲洗，沥干，立即放入沸水中烫漂1～2 min，以果实稍软而不烂为度，烫漂时间长短视品种及成熟度而定，烫漂液要连续使用，以减少果实中可溶性固形物的损失。

3. 装罐

烫漂后将果实捞出沥干水分，装罐，随即注入20%～30%浓度的热糖液。

4. 排气、密封

装好的罐送入排气罐进行排气，当罐中心温度达80 ℃时，立即用封罐机进行密封。

5. 杀菌、冷却

封好的罐立即送入杀菌釜中进行杀菌处理，而后冷却至40 ℃即可。

6. 保温、检验

罐头送入（37±2）℃的保温库中保温1周，进行检验，剔除胖罐、漏罐、汁液混浊罐等不合格品，合格品装箱入库即成。

为了克服草莓装罐后果实褪色、瘫软的问题，可把300 g的草莓果实抽空，注入含糖30%的黑穗醋栗天然果汁作填充液。这样制出的草莓罐头经贮藏后，色泽艳丽，果实饱满，不碎不瘫软，外观良好，具有独特芳香味，甜酸适口，口感极佳。

六、草莓脯

草莓脯中维生素C含量一般在0.118 3～0.149 3 mg/g，要比苹果脯、梨脯、桃脯高2.5～3.5倍，具有草莓风味，甜酸适口，深受消费者喜爱。

（一）工艺流程

原料选择→去果柄、萼片→清洗→护色及硬化处理→漂洗→糖渍→糖煮→烘烤→整形→成品。

（二）工艺要点

1. 选料及去果柄、萼片

选择无病虫害、果形整齐、色泽红润的草莓果实，将果柄和萼片去掉，然后清洗干净。

2. 护色及硬化处理

为增强草莓果实的耐煮性、减少色素损失、提高维生素C的保存率、加快糖渍速度，在果实糖煮前，用浓度为0.1%～0.7%的钙盐和亚硫酸盐溶液浸泡处理，浸泡时间长短因品种和成熟度不同而有差异。浸泡时间过长，果肉粗糙，口感差，浸泡时间短，起不到硬化和护色作用。一般浸泡5～8 h即可。

3. 漂洗

经过浸泡护色、硬化处理后，需用清水漂洗，除去过多的药液。

4. 糖渍、糖煮

方法同草莓蜜饯糖渍、糖煮处理。

5. 烘烤

将糖煮捞出的草莓放在55～60 ℃的温度条件下烘烤至不黏手为宜。烘烤温度过高，果脯质地变硬，烘烤温度过低，时间延长，影响制品

色泽。

6. 整形

将烘烤好的果脯整形呈扁圆锥形，按大小、色泽分级包装即为成品。

（三）成品特点

果脯为紫红色或暗红色，有光泽，果实呈扁圆锥形，大小均匀，不黏手，质地饱满，有韧性，风味独特，甜酸适度。

七、草莓干

（一）工艺流程

草莓干加工工艺流程为：原料选择→清洗→去果蒂→糖渍→沥糖→烘制→包装→检验→成品。

（二）操作要点说明

1. 原料选择

所选草莓应个大、均匀整齐、色泽好、无泥污、无伤烂和疤痕，香气浓郁，甜酸适口。

2. 清洗

将草莓倒进流动的清水中充分漂洗，除去沙子、泥土等杂物。

3. 去果蒂

去蒂时，要轻拿轻放，用手握住蒂把转动果子，或用不锈钢挖蒂刀去除。同时剔除霉烂、有病虫害的果子及一切杂质和不合格果。

4. 加糖煮制

先配制40%的糖液，加热至沸腾，然后加入草莓果，再加热至沸腾，冷却，在夹层锅中取出糖液和草莓果，放到容器中，糖渍6～8 h。

5. 沥糖

将煮制好的草莓果从糖液中捞出，平铺在竹筛上沥糖0.5 h。

6. 烘制

将草莓果单层平铺于瓷盘上，放于烘箱中，按以下三种方式烘制均可。（1）180 ℃保持 20 min，降到 120 ℃保持 20 min，然后在 100 ℃保持 24 h。（2）180 ℃保持 20 min，降到 120 ℃保持 2 h，然后在 80 ℃保持 20 h。（3）180 ℃保持 0.5 h，降到 120 ℃保持 1 h，最后在 70 ℃保持 12 h。

（三）产品质量指标

1. 感官指标

色泽绛红色，形态大小均匀一致，草莓的种子露在草莓干的外表面，红白相间，像芝麻点缀在其表面。风味具有草莓的芳香，甜酸可口，耐人寻味。

2. 理化指标

糖酸比为 22∶1，水分含量 7%～8%。